Qualitätsregelung in der Fertigung

Von

Dr.-Ing. Wolfgang Dutschke

Wissenschaftlicher Rat und Lehrbeauftragter
an der Technischen Hochschule Stuttgart

Mit 69 Abbildungen

Springer-Verlag Berlin Heidelberg GmbH
1964

ISBN 978-3-540-03111-6 ISBN 978-3-642-92881-9 (eBook)
DOI 10.1007/978-3-642-92881-9

Ursprünglich erschienen bei Springer-Verlag OHG., Berlin/Göttingen/Heidelberg 1964
Library of Congress Catalog Card Number: 63-23134

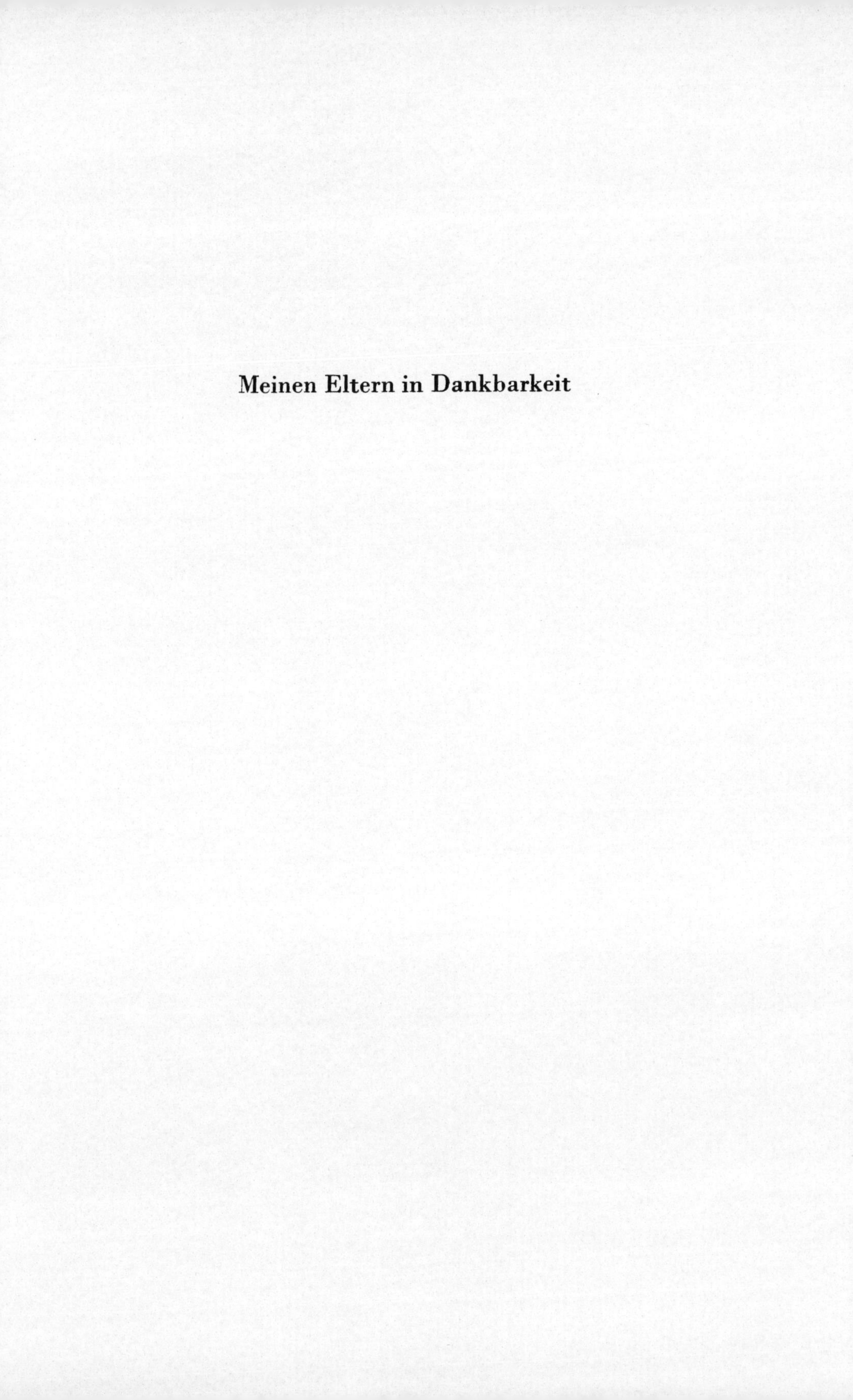

Meinen Eltern in Dankbarkeit

Vorwort

Dieses Buch wurde für die in Betrieben der Fertigungstechnik stehenden Prüfer, Techniker und Ingenieure bestimmt, die sich in kurzer Zeit einen Überblick über die Methoden der Qualitätsregelung verschaffen wollen.

Die statistischen Methoden zur Qualitätsregelung wurden nach 1920 bekannt, kamen in Deutschland aber erst nach 1945 zur Anwendung. Ein Grund für die langsame Verbreitung dieses Gedankengutes ist vielleicht darin zu suchen, daß selbst der Schüler einer naturwissenschaftlichen Schule mit stochastischen Vorgängen im allgemeinen nicht vertraut gemacht wird und später als Student nur sehr sparsam mit der Wahrscheinlichkeitslehre in Berührung kommt. So fehlt den Ingenieuren meistens das „statistische Denken", das sie für statistische Methoden aufgeschlossen machen könnte[1]. Um den Praktiker bei der Lektüre dieses Buches nicht abzustoßen, wurde der Anteil der Mathematik bewußt knapp gehalten. Es wurde jedoch vermieden, den Stoff auf „Rezepte" zu reduzieren. Der wirtschaftliche Vorteil der statistischen Methoden kommt erst dann voll zur Geltung, wenn sie sinnvoll eingesetzt werden. Es erscheint nicht zweckmäßig, einen Betrieb schlagartig „auf statistische Methoden umzustellen". Vielmehr wird es darauf ankommen, einzelne Methoden dort im Betrieb anzuwenden, wo die Einhaltung der Qualität Schwierigkeiten bereitet und hohe Kosten verursacht.

Gegenüber seiner teilweise eigenwilligen Auswahl und Darstellung des Stoffes bittet der Verfasser seine Leser um Nachsicht. Er ist für Kritik und Anregungen sehr dankbar.

Der Verfasser hat die angenehme Pflicht, seinen Lehrern, ohne die das Buch nicht entstanden wäre, aufrichtig zu danken. Besonderer Dank gebührt Herrn Prof. Dipl.-Ing. HERBERT SELINGER, Sydney/Australien, der 1958/59 als Gastdozent an der T.H. Stuttgart erstmalig eine Vorlesung über Statistische Qualitätskontrolle hielt. Ferner sei Herrn Prof. Dipl.-Ing. C. M. DOLEZALEK, Stuttgart gedankt, der dem Verfasser viele wertvolle Hinweise gab und seine Arbeit anregte und in jeder Weise förderte. Der Dank gilt aber auch den Fachkollegen im VDI-Arbeitskreis

[1] Mit „statistischem Denken" sei die Fähigkeit bezeichnet, einen vom Zufall beeinflußten Sachverhalt zu analysieren, der nicht durch eine einzige Zahl beschrieben werden kann.

Messen und Prüfen in Stuttgart für das zur Verfügung gestellte Material, das in einigen Betrieben des Raumes um Stuttgart erarbeitet wurde.

Nicht zuletzt sei dem Springer-Verlag für die gute Ausstattung des Buches und den Mitarbeitern des Verlages für die sorgfältige Arbeit bei der Anfertigung der Zeichnungen und des Satzes gedankt.

Leonberg-Etlingen/Württ., im Herbst 1963
Friedenstraße 47

Wolfgang Dutschke

Inhaltsverzeichnis

Verzeichnis der Beispiele

Verzeichnis der wichtigsten Abkürzungen

Die Ziffern in Klammern weisen auf die Gleichungen hin.

a Anstieg der Regressionsgerade (22···25)
A_2 Faktor zur Berechnung der Regelgrenzen der $\bar{x}$-Karte (49)
$\tilde{A}_2$ Faktor zur Berechnung der Regelgrenzen der $\tilde{x}$-Karte (51)
b Klassenbreite (3, 5)
B_3 Faktor zur Berechnung der unteren Regelgrenze der s-Karte (55)
B_4 Faktor zur Berechnung der oberen Regelgrenze der s-Karte (56)
c Zahl der zulässigen Fehlerteile in der Stichprobe
c_n Faktor zum Schätzen von s aus $\bar{s}$ (54)
d_n Faktor zum Schätzen von s aus $\bar{R}$ (18)
D_3 Faktor zur Berechnung der unteren Regelgrenze der R-Karte (47)
D_4 Faktor zur Berechnung der oberen Regelgrenze der R-Karte (47)
e Konstante zur Berechnung von h (46)
oder Basis des natürlichen Logarithmus (40, 41, 45)
f Klassenhäufigkeit (14···17)
oder Funktion von ... (45)
oder Flächenanteile (27, 28)
F Flächenanteile (27, 28)
g Konstante zur Berechnung von h (46)
h Abstand zwischen Regel- und Toleranzgrenze bei der Kontrollkarte für Stichprobengruppen (46)
i als Index verwendete Ordnungszahl (z.B. x_i, f_i)
j Anzahl der Stichproben (19, 52)
k Konstante zur Berechnung des Streubereichs bei Variablen-Stichprobenplänen (64, 65, 68)
K Anzahl der Klassen (1, 2, 3)
L Annahmewahrscheinlichkeit (41)
l Länge einer auszuwertenden Kurve (26)
m Umfang von Unterstichproben
n Stichprobenumfang
N Losgröße, Lieferumfang
p Fehleranteil in der Stichprobe
$\bar{p}$ mittlerer Fehleranteil in der Stichprobe, Fehleranteil in der Grundgesamtheit
P Wahrscheinlichkeit
q Anteil der guten Teile in der Stichprobe
r Stichprobenabstand
R Spannweite (4, 18, 19)
s Standardabweichung (9, 11, 12, 13, 15, 17, 18, 38, 39, 54, 55, 56)
s_s Standardabweichung der Standardabweichungen s_i (53, 56)
s_R Standardabweichung um die Regressionsgerade (25)
$s_{\bar{x}}$ Standardabweichung der Mittelwerte $\bar{x}_i$ (48)
$s_{\tilde{x}}$ Standardabweichung der Medianwerte $\tilde{x}$ (50)

S	Statistische Sicherheit
T	Toleranz, Abstand von oberer und unterer Toleranzgrenze
u	Zufallsvariable, die einer Normalverteilung mit $\mu = 0$ und $\sigma = 1$ folgt (67, 68)
v	Variationskoeffizient (57)
w	Konstante in der Funktion für die Regressionsgerade
x	Merkmalswert einer Merkmalsgröße oder Zahl der fehlerhaften Teile in der Stichprobe
$\bar{x}$	arithmetisches Mittel aus den Merkmalswerten x_i
$\tilde{x}$	Medianwert aus den Merkmalswerten x_i
x_M	Klassenmitte
x_R	Punkt der Regressionsgerade
x_s	Sollwert
y	Ordnungszahl der Merkmalswerte
z	vorläufiger Mittelwert
α	Lieferantenrisiko
β	Bestellerrisiko
μ	Mittelwert der Grundgesamtheit
π	$= 3{,}14$
σ	Standardabweichung der Grundgesamtheit
Σ	Summenzeichen
η	Verhältnis aus Maschinen- und Produktionsstreuung

Berichtigungen

S. 21, 6. Z. v. u.: statt $1/16 \approx 0{,}0625$ lies $1/16 = 0{,}0625$

statt $3^3/_4 \approx 3{,}75$ lies $3^3/_4 = 3{,}75$

S. 34, Tab. 5, c_n für $n = 7$:

statt 0,8828 lies 0,8882

S. 38, Tabelle, Spalte 4:

statt 0,20 lies −0,20
statt 0,01 lies −0,01
statt 0,83 lies −0,83
statt 0,23 lies −0,23

S. 39, 2. Z. v. u.: statt S. 81 f. lies S. 31 f.

S. 47, 12. Z. v. u.: statt $\bar{p}^n \bar{q}^{n-x}$ lies $\bar{p}^x \bar{q}^{n-x}$

11. Z. v. u.: statt $\frac{n^n \cdot \bar{x}^n}{x!}$ lies $\frac{n^n \cdot \bar{x}^x}{x!}$

8. Z. v. u.: statt $\frac{\bar{x}^n}{n!}$ lies $\frac{\bar{x}^x}{n!}$

1. Z. v. u.: statt $\frac{\bar{x}^n}{x!}$ lies $\frac{\bar{x}^x}{x!}$

S. 49, 3. Z. v. u.: statt $\cdot e^{\frac{(x-\bar{x})^2}{2 s^2}}$ lies $\cdot e^{-\frac{(x-\bar{x})^2}{2 s^2}}$

S. 64, 10. Z. v. u.: statt $s\left(1 - \frac{3}{c_n \sqrt{2n}}\right)$ lies $\bar{s}\left(1 - \frac{3}{c_n \sqrt{2n}}\right)$

8. Z. v. u.: statt $s\left(1 + \frac{3}{c_n \sqrt{2n}}\right)$ lies $\bar{s}\left(1 + \frac{3}{c_n \sqrt{2n}}\right)$

S. 75, 10. Z. v. o.: statt S_R lies s_R

S. 101, Tab. 12, Schnittpunkt von 0 und 1,50 (von oben):

statt 0,794 lies 0,791

1. Einleitung und Begriffsbestimmung

1.1 Qualität und Qualitätsregelung

Die Fertigungsaufgabe besteht aus zwei Teilen. Ein bestimmtes Erzeugnis soll in einer ebenfalls bestimmten Menge hergestellt werden und weiterhin festgelegte Eigenschaften haben. In ihrer Gesamtheit bestimmen diese Eigenschaften die Qualität des Produktes. Der Begriff „Qualität" ist jedoch im deutschen Sprachgebrauch nicht eindeutig. Er wird häufig nicht in der eigentlichen neutralen Bedeutung als Eigenschaft, sondern im Sinn von „guter Qualität" gebraucht, beinhaltet dann das Vorhandensein guter Eigenschaften. In diesem Sinn wird das Wort „Qualität" häufig in Werbetexten mit dem Namen des Firmeninhabers verbunden. Dieser will damit ausdrücken, daß seine Erzeugnisse eine hohe Qualität besitzen und daß diese Qualität auf längere Zeit unverändert bleibt.

Nach einem Entwurf der Deutschen Arbeitsgemeinschaft für Statistische Qualitätskontrolle (ASQ) ist die Qualität eines Erzeugnisses der Grad seiner Eignung, den Ansprüchen des Verbrauchers zu genügen [*Z 1*]. An anderer Stelle findet man „Qualität ist der Grad der Fehlerfreiheit" und „Qualität ist die Gesamtheit der Eigenschaften eines Produktes, das mit geringstem Aufwand hergestellt wurde, im Hinblick auf einen bestimmten Verwendungszweck".

In der vorliegenden Schrift soll der Begriff „Qualität" neutral als Eigenschaft verstanden werden, ohne daß damit eine Bewertung ausgedrückt wird. Die nachstehende Arbeit befaßt sich auch nur insoweit mit der Qualität von fertigungstechnischen Erzeugnissen im vorbezeichneten Sinn, als es sich um Massenprodukte handelt.

Man hat früher geglaubt, daß Massenprodukte immer eine minderwertige Qualität besitzen müssen. Das ist aber durchaus nicht der Fall, im Gegenteil: Die große Stückzahl gestattet es, für Konstruktion und Arbeitsvorbereitung einen höheren Aufwand zu treiben, der sich auch als Qualitätsverbesserung bemerkbar machen kann. Auch können bestimmte Fertigungsmethoden, die erst eine gleichmäßige Qualität der Werkstücke ermöglichen, wirtschaftlich nur in der Massenproduktion eingesetzt werden. Schließlich kann die Qualität in der Massenproduktion gleichmäßiger überwacht werden als in der Einzel- oder Kleinserienfertigung. Nicht zuletzt haben auch moderne Meßverfahren dazu beigetragen, daß es heute hochwertige Massenprodukte wie Chronometer, Automobile oder Fernsehgeräte gibt, die aus sehr vielen Präzisionsteilen bestehen. Teilweise haben auch die statistischen Methoden der Qualitätsregelung hieran ihren Anteil.

Die Voraussetzung für die Anwendung der Qualitätsregelung ist eine genügend große Stückzahl (mindestens 1000 Stück) von Erzeugnissen, die hintereinander bearbeitet werden. Durch die Qualitätsregelung soll erreicht werden, daß die Erzeugnisse möglichst weitgehend einer vorher festgelegten Sollqualität entsprechen. Da die Fertigungsbedingungen im allgemeinen nicht konstant sind, schwankt die Istqualität von Werkstück zu Werkstück. Soweit die Abweichungen zwischen Ist- und Sollqualität systematisch sind, können sie durch ein korrigierendes Eingreifen vermindert werden. Eine sinnvolle Korrektur setzt allerdings voraus, daß diese Abweichungen zunächst ermittelt werden können [*Z 3*].

Wird eine Fertigungseinrichtung nach der Abweichung zwischen Ist- und Sollqualität der Erzeugnisse gesteuert, dann liegt hinsichtlich der Werkstückqualität ein geschlossener Regelkreis vor, der als Qualitätsregelung bezeichnet wird [*Z 7*, *Z 8*, *Z 9*]. Für den gleichen Vorgang findet man in der Literatur auch die Begriffe Qualitätskontrolle [*B 6*, *B 19*, *B 20*, *Z 1*], Qualitätssteuerung [*B 11*] und Güteüberwachung [*B 22*]. Der englische Ausdruck Quality Control [*B 3*, *B 7*, *B 9*, *B 12*] wird in seiner direkten Übersetzung „Qualitätskontrolle" häufig mißverstanden, weil die sprachlich ähnlichen Worte „Control" und „Kontrolle" nicht gleichwertig sind. Versteht man unter „Control" im Englischen ein Steuern oder Regeln, so hat „Kontrolle" im Deutschen die Bedeutung des Prüfens, Messens, Überwachens, d.h. des Kontrollierens.

Es wurde erwähnt, daß die Ermittlung der Qualität eine Voraussetzung für deren Regelung ist. Die Qualität eines Erzeugnisses, die als dessen Eigenschaften interpretiert wurde, kann durch mindestens ein, oft erst durch viele Merkmale, Qualitätsmerkmale, beschrieben werden. Die Fertigungstechnik ist auf die Herstellung von Werkstücken mit geometrisch eindeutig definierten Formen gerichtet [*Z 4*]. Die geometrischen Formen können durch Längen beschrieben werden. Diese sind die wichtigsten Qualitätsmerkmale der Werkstücke.

Durch Längen können außer der Form auch die Abmessungen und die Oberflächenbeschaffenheit ausgedrückt werden. Manchmal kann die Qualität eines Erzeugnisses erst durch weitere Qualitätsmerkmale wie Gewicht, Festigkeit, Härte, Verschleißfestigkeit, Drehzahl, Leistung, Wirkungsgrad oder Zuverlässigkeit beschrieben werden. Die genannten Merkmale sind meßbar und werden als Variablenmerkmale oder Variable bezeichnet.

Nicht alle Qualitätsmerkmale können durch eine Maßzahl beschrieben werden. Viele Eigenschaften wie Aussehen, Farbe, Glanz, Geräusch oder Funktionstüchtigkeit lassen sich nur prüfen. Solche nicht meßbaren Qualitätsmerkmale werden auch Attributmerkmale oder Attribute genannt.

2. Qualitätsstandard

Zur Beurteilung der Qualität eines Erzeugnisses müssen alle wichtigen Merkmale berücksichtigt werden. Erst durch den Vergleich zwischen Ist- und Sollwerten oder zwischen Ist- und Grenzwerten (obere bzw. untere Toleranzgrenze) kann die Qualität beurteilt werden. Sollwerte und Toleranzangaben für die einzelnen Qualitätsmerkmale kennzeichnen die Sollqualität oder den Qualitätsstandard eines Produktes.

2.1 Beschreibung des Qualitätsstandards

Der Qualitätsstandard wird weitgehend durch die Konstruktionszeichnung festgelegt. Diese enthält alle wichtigen Maße, Toleranzen und Passungen sowie Hinweise auf Normen. Jedes Maß ist einseitig oder zweiseitig toleriert. Von einer Oberfläche verlangt man im allgemeinen, daß die Rauhtiefe eine bestimmte Größe nicht überschreitet und duldet eine feinere Oberfläche. Einseitige Toleranzgrenzen sind ferner die Mindestfestigkeit eines Werkstoffes oder die Mindestleistung eines Motors.

Dagegen wird der Durchmesser einer Lagerschale meist zweiseitig toleriert, damit die erforderliche Passung zustande kommt. So hat z.B. der für die ISA-Passung H7/f7 bestimmte Innendurchmesser 32^{H7} die beiden Toleranzgrenzen 32^{+25}_{-0} (T_u = 32,000 mm, T_o = 32,025 mm). Die Größe der Toleranz ergibt sich aus der Differenz der Toleranzgrenzen: $T = T_o - T_u = 0{,}025$ mm. Die Toleranzgrenzen dürfen auch um den Meßfehler nicht überschritten werden.

Die erwähnte Angabe 32^{H7} ist ein Hinweis auf die in DIN 7155 genormte ISA-Passung für die Einheitswelle. Üblicherweise werden auch Schrauben, Muttern, Splinte, Nieten und andere Maschinenelemente durch Angabe der entsprechenden DIN-Norm beschrieben (z.B. Sechskantschraube M 10 × 50 DIN 558). Nicht immer reicht die allgemeine Norm aus. Größere Betriebe haben Betriebsnormen aufgestellt, die ihren speziellen Anforderungen gerecht werden sollen. Auch der Hinweis auf eine dieser Normen kann zur Beschreibung der Sollqualität dienen (z.B. Parallelität nach IBM-Norm 0-0-1008-0).

Die allgemeinen Normen sollen sich in Zukunft auch auf komplexe Erzeugnisse (z.B. Kühlschränke) erstrecken. So wurde kürzlich ein neuer Ausschuß für Gebrauchstauglichkeit (AGt) im Deutschen Normen-Ausschuß (DNA) gegründet, der die Aufgabe hat, für Erzeugnisse des täglichen Bedarfs als Normen Kriterien für die Gebrauchstauglichkeit aufzustellen. Diese Normen enthalten die Anforderungen, die an ein Erzeugnis zu stellen sind und die Prüfverfahren, mit denen die Einhaltung dieser Bedingungen nachgeprüft werden kann [*Z 22*].

Zur Beschreibung der Qualität eines Erzeugnisses können Gütezeichen verwendet werden. Gütezeichen sind Wort- oder Bildzeichen, die zur Kennzeichnung von Waren oder Leistungen verwendet werden, die bestimmte nachprüfbare Eigenschaften besitzen. Die Festlegung der Gütebedingungen und der Warenzeichenvorschriften ist Aufgabe des Ausschusses für Lieferbedingungen und Gütesicherung (RAL) im DNA. Zur Harmonisierung von Qualitätsvorstellungen im europäischen Raum hat sich 1962 in Den Haag eine ständige internationale Qualitätskonferenz (C. I. P. Q.) konstituiert [*Z 16*].

Die erwähnten Normen beschreiben vorwiegend meßbare Qualitätsmerkmale. Es gibt aber Merkmale wie die Beschaffenheit eines Ziehteiles (Größe und Lage der zulässigen Ziehfalten), das Aussehen einer Schweißung, die Porigkeit eines Spritzgußteiles, die Farbe einer Lackierung oder die Griffigkeit eines Stoffes, die durch Zeichnung und Norm nicht ausreichend beschrieben werden können. Als Hilfsmittel für die Beurteilung solcher Eigenschaften werden vielfach Fehlerkataloge verwendet, in denen durch Fotos und Beschreibungen erläutert wird, wie ein Werkstück aussehen soll und welche Unregelmäßigkeiten gerade noch oder gerade nicht mehr zulässig sind. Ein Vergleich zwischen Istqualität und Qualitätsstandard ist noch zuverlässiger, wenn man das Werkstück mit einem Muster vergleicht, das alle Qualitätsmerkmale verkörpert. Das Muster kann von jedem beurteilt werden, Mißverständnisse wie bei der Deutung einer Zeichnung (Verwechselung von rechtem und linkem Teil) können nicht auftreten. So haben große Karosseriewerke gewöhnlich ein Lager an Mustern für jedes Ziehteil. Auch zur Festlegung von Farben bedient man sich häufig Vergleichsfarbtafeln.

Gewisse Eigenschaften wie die Funktionstüchtigkeit können nur durch eine Funktionsprüfung beschrieben werden. Hierzu müssen die Prüfbedingungen eindeutig festgelegt werden. Einige Normblätter enthalten solche Prüfbedingungen (z. B. Vornorm DIN 40040 „Klimatische und mechanische Prüfungen für elektrische Bauelemente der Nachrichtentechnik“).

Bisher wurde lediglich erörtert, wodurch ein Qualitätsstandard beschrieben werden kann. Nachfolgend soll erwähnt werden, nach welchen Gesichtspunkten der Qualitätsstandard festgelegt werden kann.

2.2 Festlegung des Qualitätsstandards

Es wird vorausgesetzt, daß die erforderliche Qualität bekannt ist. Das gilt vielleicht für ein bewährtes Erzeugnis, das schon längere

Zeit auf dem Markt ist. Für ein neues Produkt muß der Qualitätsstandard erst festgelegt werden, d.h., jedes Qualitätsmerkmal ist genau zu tolerieren. Vielfach werden die Toleranzen zunächst aus der Erfahrung gewählt. Dabei ist der Konstrukteur geneigt, aus Sicherheitsgründen zu kleine Toleranzen vorzuschreiben, während sich der Fertigungsingenieur mit Rücksicht auf eine wirtschaftliche Fertigung möglichst große Toleranzen wünscht. Erst die Erprobung zeigt, ob die Toleranzen richtig bemessen wurden. Bei neuen Erzeugnissen der Großmengenfertigung verzichtet man deshalb nicht auf eine ,,Nullserie". Bei der Fertigung der Nullserie läßt sich bereits abschätzen, ob und mit welchem Aufwand die vom Konstrukteur vorgeschriebenen Toleranzen eingehalten werden können. Anschließend wird bei der Erprobung der Versuchsmuster festgestellt, ob das Erzeugnis hinsichtlich aller Eigenschaften den Anforderungen des Kunden genügt. Die Erprobung soll möglichst der praktischen Beanspruchung durch den Verbraucher entsprechen. Mitunter ist es aus Zeitgründen erforderlich, Dauerversuche unter höherer Belastung gerafft durchzuführen [*Z 21*]. Die sich aus Erfahrung und Erprobung der Nullserie ergebende technisch notwendige Qualität muß möglicherweise korrigiert werden. Änderungen können sich ferner aus den gegenüber der Einzelfertigung in der Nullserie unterschiedlichen Fertigungsmethoden der Massenfertigung ergeben. Auch stellen sich manchmal Mängel des Erzeugnisses erst beim Kunden heraus. Leistet der Hersteller für ein Produkt eine Garantie, so erfährt er auf dem Wege über die Reklamation, wie sich seine Erzeugnisse beim Kunden verhalten.

Bei der Festlegung der technisch notwendigen Qualität muß auch der Stand der Technik berücksichtigt werden. Eine an Konkurrenzfabrikaten des Marktes orientierte Sollqualität hat nicht für alle Zeiten Gültigkeit. Damit die Qualität des Erzeugnisses den Erwartungen der Kunden möglichst gut entspricht, müssen die einzelnen Qualitätsmerkmale, zu denen zuweilen auch der Preis gerechnet wird, von Zeit zu Zeit den Wünschen der Abnehmer neu angepaßt werden.

In manchen Fällen ist die technisch erforderliche Qualität auch vom Gesetzgeber vorgeschrieben. So bestehen bestimmte Vorschriften für Flugzeuge, Automobile oder Dampfkessel. In diesen Fällen muß die technisch notwendige Qualität unter allen Umständen eingehalten werden. Für Erzeugnisse ohne derartige Vorschriften kann der Hersteller die Qualität der von ihm gefertigten Erzeugnisse in bestimmtem Umfang wählen. Hierbei sind nicht nur technische, sondern auch wirtschaftliche Gesichtspunkte maßgebend. Der Hersteller strebt möglicherweise eine Qualität an, bei der er den höchsten Gewinn erzielt. Den so bestimmten Qualitätsstandard nennt man ,,wirtschaftlich optimale Qualität" [*Z 18*].

Nach SCHNEIDER [*B 21*] nimmt man vereinfachend an, daß einerseits Preis und Qualität und andererseits Preis und Nachfrage in einem linearen Verhältnis zueinander stehen. Mit fallendem Preis nimmt die Nachfrage zu, mit steigendem Preis nimmt sie ab. Das als monetäre Nachfrage bezeichnete Produkt aus Preis und Menge ist bei einem bestimmten Preis (und bei einer bestimmten Qualität) maximal. Um dieses Maximum bestimmen zu können, muß man aus einer Marktforschung die Abhängigkeit zwischen Preis und Nachfrage schätzen. Damit werden nur die Gegebenheiten des Marktes, nicht aber die des Betriebes berücksichtigt. Jeder Betrieb hat im allgemeinen eine bestimmte Fertigungskapazität und arbeitet am wirtschaftlichsten, wenn die sich aus Personal und Maschinenausrüstung ergebende Kapazität vollständig ausgenutzt wird. Insofern hängen die Fertigungskosten mehr oder weniger auch von der Stückzahl ab. Das wirkt sich besonders bei kapitalintensiven Fertigungen aus, bei denen eine Unterschreitung der Kapazität totes Kapital und eine Überschreitung Neuinvestitionen bedeutet. Die Beziehung zwischen der Stückzahl und den Fertigungskosten gestattet, zusammen mit der monetären Nachfrage den Gewinn abzuschätzen. Wie man aus Abb. 1 ersieht, ist die Differenz aus monetärer Nachfrage und Fertigungskosten Gewinn oder Verlust. Bei einem bestimmten Preis oder bei einer bestimmten Qualität, der wirtschaftlich optimalen Qualität, erzielt der Hersteller einen maximalen Gewinn.

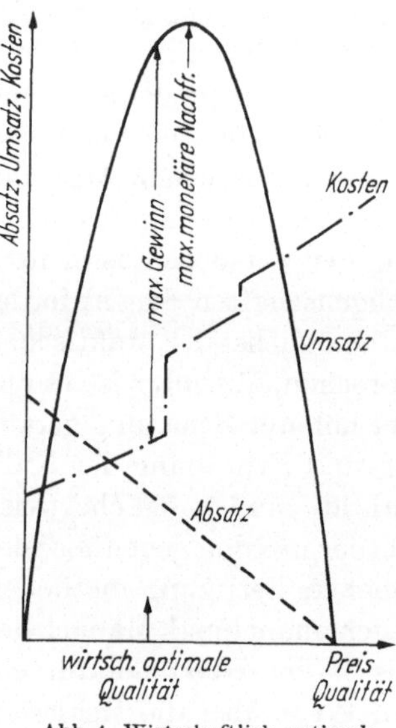

Abb. 1. Wirtschaftlich optimale Qualität.

Vom Standpunkt der Qualitätsregelung aus ist es belanglos, ob der Qualitätsstandard auf der technisch notwendigen oder der wirtschaftlich optimalen Qualität beruht. Mit Mitteln der Qualitätsregelung soll erreicht werden, daß die Qualität der produzierten Werkstücke möglichst gut mit einem festgelegten Qualitätsstandard übereinstimmt.

3. Qualitätsregelung

Nach DIN 19226 ist die Regelung ein Vorgang, bei dem der vorgegebene Wert einer Größe fortlaufend durch Eingriffe auf Grund von Messungen dieser Größe hergestellt und aufrechterhalten wird. Die Gesamtheit aller am Wirkungsablauf einer Regelung beteiligten Glieder nennt man Regelkreis. Dieser besteht aus der Regelstrecke und dem Regler. Dabei ist die Regelstrecke der Teil des Regelkreises, in dem die

Regelgröße, d.h. die Größe, die geregelt werden soll, durch die Regelung beeinflußt wird und der Regler die Einrichtung, die die Regelung bewirkt. Das Grundsätzliche eines Regelungsvorganges ist, daß er auf Grund von Messungen einer Größe abläuft, die durch ihn selbst wieder beeinflußt wird (geschlossener Regelkreis) [*Z 8*]. Bei der Qualitätsregelung ist die Regelgröße ein Qualitätsmerkmal, z.B. der Durchmesser einer gedrehten Welle.

Für den Ablauf der Regelung sei zunächst ein einfaches Beispiel genannt. Ein Dreher fertigt auf einer Drehmaschine zylindrische Werkstücke, deren Qualität nur vom Durchmesser abhängt, der zweiseitig toleriert ist. Von Zeit zu Zeit entnimmt der Dreher ein Werkstück und mißt dessen Durchmesser. Dabei stellt er fest, daß sich die Durchmesser allmählich vergrößern, weil sich der Drehstahl abnutzt. Sobald die Abweichung zwischen Ist- und Sollmaß eine durch die Regelgrenze festgelegte Größe überschritten hat, stellt der Dreher den Drehstahl nach. Die Lage der Regelgrenze, die auch Kontrollgrenze genannt wird, kann berechnet werden (s. S.52f.). Sie ist nicht zu verwechseln mit der Toleranzgrenze. Die erwähnte Regelung bezieht sich auf nur *ein* Qualitätsmerkmal, nämlich auf den Durchmesser. Im allgemeinen ist die Qualität eines Werkstückes aber von vielen Merkmalsgrößen abhängig. Im Falle der Drehbearbeitung wird man auch Form und Oberflächenbeschaffenheit der Werkstücke beachten. Außerdem können an einem Drehteil auch mehrere Durchmesser und Längen vorgeschrieben sein. Nicht alle Qualitätsmerkmale, die sich durch die Bearbeitung gleichzeitig ändern, haben eine gleichgroße Bedeutung. Qualitätsmerkmale minderer Bedeu-

Tabelle 1. *Übersicht über Regelungen in der Fertigungstechnik*

Art der Regelung	Lageregelung	Qualitätsregelung
Handregelung stetig	Arbeiten auf Lehrenbohrwerk	Drehen zylindrischer Werkstücke auf Drehmaschinen (Prüfen oder Messen der Werkstückdurchmesser), Profilschleifen auf Schleifmaschinen mit Projektionseinrichtung (Zeichnungsvergleich)
Automatische Regelung unstetig	Nockensteuerung (Begrenzung eines Schlittenweges, Umsteuern der Bewegungsrichtung, unstetig arbeitende Nachform- und Positionierungseinrichtung	Abschaltkreis beim Rund- und Flächenschleifen, Paarungsschleifen und Honen
Automatische Regelung stetig	Stetig arbeitende Nachform- und Positionierungseinrichtungen	Selbsttätig geregelte spitzenlose Schleifmaschine

tung werden meist nicht geregelt, sondern nur überwacht. Verändern sie sich unzulässig, so wird die Bearbeitung unterbrochen und nach der Fehlerquelle gesucht.

Die erläuterte Regelung bezieht sich auf ein Qualitätsmerkmal. Demgegenüber gibt es in der Fertigungstechnik Regelungen, die sich auf eine Maschinengröße beziehen und durch die z. B. die Lage des Werkzeuges oder des Maschinentisches geregelt werden soll. Tab. 1 zeigt eine Übersicht über die Regelungen in der Fertigungstechnik, die von Hand vorgenommen werden oder die automatisch ablaufen [*Z 8*]. Die vorliegende Schrift beschränkt sich auf die Qualitätsregelung und befaßt sich vorwiegend mit der Handregelung.

3.1 Wirkungsablauf der Qualitätsregelung

Eingangs wurde bereits erwähnt, daß die Regelung erst auf Grund eines Meßwertes vorgenommen werden kann. Das entscheidende Qualitätsmerkmal kann gemessen oder geprüft werden, wobei die Prüfung alle Werkstücke erfassen oder auf Stichproben begrenzt sein kann. Wenn sich die Regelung auf ein Qualitätsmerkmal eines einzelnen Werkstücks beziehen soll, das sich gerade in der Maschine befindet, dann muß während der Bearbeitung gemessen werden. Da die Maschine abgeschaltet wird, wenn die Bearbeitung abgeschlossen ist, nennt man diesen Wirkungsablauf auch „Abschaltkreis".

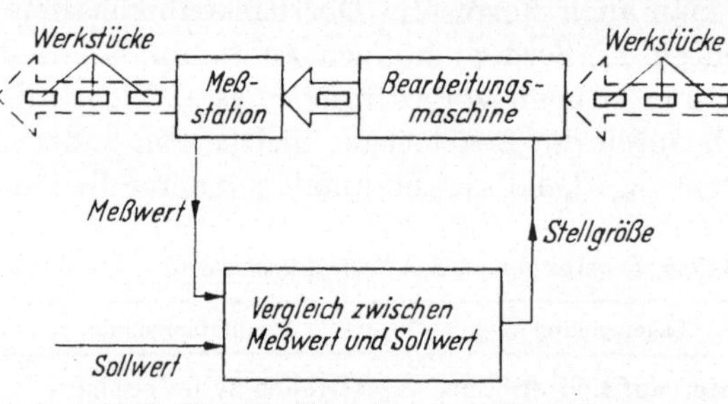

Abb. 2. Wirkungsablauf einer Qualitätsregelung.

Die Regelgröße kann aber auch nach der Bearbeitung an einem Werkstück in einer speziellen Meßvorrichtung gemessen werden. Nach diesem Meßwert kann aber dann erst ein Qualitätsmerkmal der folgenden Werkstücke geregelt werden. Abb. 2 zeigt diesen Wirkungsablauf als Blockdiagramm. Die Werkstücke durchlaufen zunächst die Bearbeitungsmaschine und später eine Meßstation. Sie werden dort hinsichtlich des der Regelung zugrunde gelegten Qualitätsmerkmales geprüft. Das Meß- oder Prüfergebnis wird dann mit dem Sollwert oder mit Grenzwerten verglichen. Bei genügend großer Regelabweichung werden Maschine bzw. Werkzeug nachgestellt. Im allgemeinen vollzieht sich die Qualitätsregelung nicht von selbst, wie das nach Abb. 2 erscheinen könnte. Sie wird vielfach durch einen Kontrolleur, Einsteller oder Maschinenbediener von Hand vorgenommen. Der mit der Qualitätsregelung Beauftragte entscheidet dann auf Grund des Meßergebnisses oder Prüfbefundes, ob die Fertigung unverändert weiterlaufen kann. Vielfach ist es unnötig, hierzu jedes Werkstück zu messen; man beschränkt sich meistens darauf, aus der laufenden Fertigung Stichproben zu entnehmen und diese als repräsentativ für die übrigen Werkstücke zu betrachten.

Die bisher beschriebene Beeinflussung der Qualität sei als direkte Qualitätsregelung bezeichnet, weil sie sich direkt, noch während der Fertigung, auf die Qualität der Erzeugnisse auswirkt. Dabei ist eine gewisse Totzeit unvermeidlich. Möglicherweise werden in der Zeit, die zum Messen und Auswerten des Meßergebnisses notwendig ist, einige Werkstücke gefertigt, auf die sich die Regelung noch nicht auswirken kann. Diese Totzeit kann sehr groß werden, wenn die Qualität jeweils erst dann beurteilt wird, wenn ein ganzes Los gefertigt wurde. Auch in diesem Fall läßt sich durch Stichproben prüfen, ob die Qualität des gesamten Loses wahrscheinlich gut oder schlecht ist. Diese Beurteilung kann sich frühestens auf die nächste Fertigungseinheit auswirken. In diesem Sinn kann sich auch die Eingangsprüfung nur indirekt auf die Qualität künftiger Lieferungen auswirken. Ein solcher Wirkungsablauf soll daher als indirekte Qualitätsregelung bezeichnet werden. In den Fällen, in denen eine direkte Qualitätsregelung möglich ist, sollte diese der indirekten vorgezogen werden.

Zunächst sei nur die direkte Qualitätsregelung betrachtet. Sie ist ein Hilfsmittel, um die schwankende Qualität eines Massenerzeugnisses noch während der Fertigung im gewünschten Sinne zu beeinflussen. Die Schwankungen der Qualität rühren daher, daß die Fertigungsbedingungen nicht konstant gehalten werden können. Wenn es gelänge, alle Störgrößen vom Fertigungsvorgang fernzuhalten, dann würde sich tatsächlich ein korrigierendes Eingreifen erübrigen. Gewisse Störungen wie z.B. der Verschleiß des Werkzeuges sind unvermeidlich. Die auf die Fertigung wirkenden Störgrößen können systematisch oder zufällig wirksam sein. Zu den systematisch wirkenden Störgrößen gehören der erwähnte Werkzeugverschleiß, eine allmähliche Änderung der Umweltbedingungen oder eine sich in eine bestimmte Richtung ändernde Werkstoffeigenschaft. Häufig wird der Werkzeugverschleiß die stärkste systematische Störgröße sein.

Daneben gibt es Einflußgrößen, die man hinsichtlich ihrer Auswirkung auf die Werkstückqualität nicht mehr recht voneinander unterscheiden kann, die eine nicht voraussehbare Tendenz haben und die sich teilweise gegenseitig aufheben können. Man ordnet sie daher mit in die Gruppe der zufällig wirkenden Störgrößen ein, die mit gleicher Wahrscheinlichkeit eine positive oder negative Veränderung eines Qualitätsmerkmales bewirken können.

Zu den zufälligen Einflußgrößen gehören die durch Lagerspiel u.ä. bedingten Ungenauigkeiten der Maschine, Erschütterungen im Raum, Spannungsschwankungen im Speisenetz oder zufällige Inhomogenitäten im Werkstoff von Werkstück und Werkzeug.

Es wurde erwähnt, daß die systematischen Einflüsse eine Veränderung der Merkmalsgröße in eine Richtung bewirken. Die Merkmalswerte unterliegen hierdurch einem Trend, der auch Tendenz oder Gang genannt wird. Zufällige Einflüsse veränderen die Merkmalsgröße hingegen unsystematisch und verursachten ein Streuen der Merkmalswerte. Es ist denkbar, daß systematische und zufällige Einflußgrößen etwa gleich wirksam sind oder daß eine gegenüber der anderen vernachlässigbar klein ist. Vom Verhältnis dieser beiden Größen zueinander hängt es ab, welche Maßnahmen zur Qualitätssicherung angezeigt sind.

3.2 Idealisierter Verlauf eines Qualitätsmerkmals

Bevor die Maßnahmen zur direkten Qualitätsregelung in Kap. 5 erläutert werden, sei der idealisierte Verlauf eines Qualitätsmerkmals beschrieben. Es soll sich um ein meßbares Merkmal handeln, das ohne Meßfehler gemessen werden kann. Weiterhin sei angenommen, daß jedes Werkstück geometrisch ideal ist und nur durch einen ganz bestimmten Merkmalswert charakterisiert wird. Unter diesen Voraussetzungen sind für den Verlauf der Merkmalswerte folgende drei Möglichkeiten denkbar:

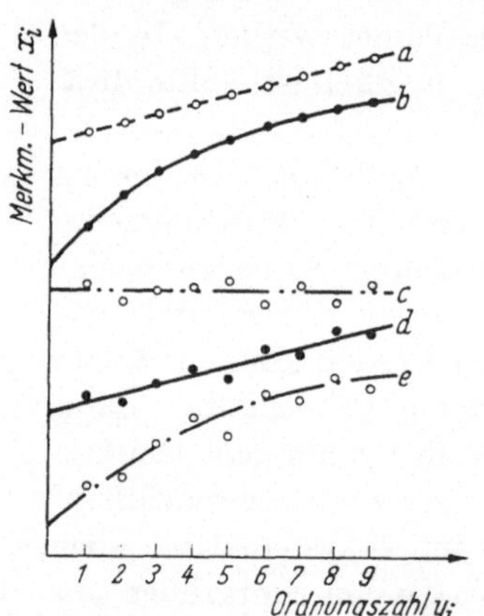

Abb. 3. Idealisierter Verlauf eines meßbaren Qualitätsmerkmals *a* bei linearem Gang ohne Streuung, *b* bei nicht linearem Gang ohne Streuung, *c* ohne Gang mit Streuung, *d* bei linearem Gang mit Streuung, *e* bei nicht linearem Gang mit Streuung.

1. Die Merkmalswerte folgen genau einer bestimmten Kurve (*a* u. *b* in Abb. 3), weil die Merkmalsgröße nur von systematischen, nicht aber von zufälligen Störgrößen beeinflußt wird. Wenn die Funktion für den Verlauf der Merkmalswerte im voraus bekannt ist, kann die Fertigungseinrichtung nach einem bestimmten Programm nachgesteuert werden. Diese Steuerung versagt aber, wenn sich der Verlauf der Merkmalswerte in nicht vorhergesehener Weise ändert. Störungen dieser Art können nur durch eine Regelung ausgeglichen werden. Aus diesem Grund ist selbst dann eine Regelung angezeigt, wenn die Merkmalsgröße hauptsächlich von einer bekannten systematisch wirkenden Störgröße beeinflußt wird.

2. Ist der systematische Einfluß vernachlässigbar klein gegenüber den zufälligen Störgrößen (*c* in Abb. 3), dann ist ein Stellen oder Regeln

überflüssig. Da die Abweichungen der Merkmalswerte zufälligen Charakter tragen, also nicht voraussehbar sind, können sie weder durch eine Steuerung noch durch eine Regelung verkleinert werden.

3. Vielfach streuen die Merkmalswerte und folgen zugleich einem Gang, der linear ist oder durch irgendeine andere unbekannte Funktion beschrieben werden kann (*d* u. *e* in Abb. 3). Eine Steuerung nach einem Programm erweist sich dann als unbrauchbar, denn die Trendfunktion ist unbekannt. Diese kann nur aus den Meßwerten geschätzt werden. Infolge der Streuung kann von einem einzelnen Meßwert nur mit einer gewissen Unschärfe auf die systematische Veränderung der Meßgröße geschlossen werden. Soll der Trend durch eine Regelung ausgeglichen werden, so soll diese nach Möglichkeit nur auf systematische Veränderungen reagieren. Zufällige und systematische Anteile eines Merkmalswertes müssen daher voneinander getrennt werden. Dazu bieten sich statistische Methoden an.

Die Anwendung der statistischen Gesetze bei der Qualitätsregelung hat zu dem Begriff „Statistische Qualitätskontrolle“ geführt. Man versteht darunter in erster Linie die Kontrollkartentechnik (direkte Qualitätsregelung) und die Stichprobenpläne (indirekte Qualitätsregelung).

3.3 Einsatz der direkten und indirekten Qualitätsregelung

In manchen Betrieben glaubt man, Erzeugnisse hoher und gleichmäßiger Qualität herzustellen, weil die Produkte 100%ig geprüft werden. Dabei können recht hohe Kontrollkosten entstehen. So können die Prüflöhne über 10% der Fertigungslöhne ausmachen. Hinzu kommen die anteiligen Kosten für die häufig sehr teueren Meßgeräte.

In manchen Betrieben gelten die Aufwendungen für die Qualitätsüberwachung als unproduktiv. Diese Betrachtungsweise ist zu verwerfen; keinesfalls darf die Tätigkeit des Messens und Prüfens gegenüber den Arbeiten an der Maschine unterbewertet werden. Die sogenannten „unproduktiven“ Arbeiten erfordern oft besonders hochwertige Fachkräfte. Im übrigen erfährt ein Erzeugnis durch die Prüfung einen Wertzuwachs. So hat beispielsweise ein Endmaßsatz einen wesentlich höheren Wert, wenn die Abmaße der einzelnen Endmaße bekannt sind. Endmaße mit Prüfprotokoll gestatten ein genaueres Messen. Die Qualitätsbeurteilung des Endmaßsatzes hat zu einem Wertzuwachs geführt. Das gilt grundsätzlich für jede Qualitätsüberwachung. Verantwortung und Tätigkeit des Prüfens sollten durch eine angemessene Bezahlung gewürdigt werden. Es geht nicht an, daß ein im Akkord stehender Facharbeiter höher bezahlt wird als ein Prüfer. Da die Prüfung objektiv sein und nicht unter Zeitdruck stehen soll, ist eine Vergütung von Prüfarbeiten im Akkord nicht anzustreben. Vielfach hat der Prüfer noch zusätzliche Fertigungsaufgaben, z. B. Justier-, Montage- oder Reparaturarbeiten. In neuerer Zeit strebt man eine Trennung von Fertigungs- und Prüfaufgaben immer mehr an. Das empfiehlt sich auch aus organisatorischen Gründen, insbesondere wenn alle im Betrieb tätigen Prüfer einer zentralen Prüfleitung unterstellt werden.

Ob eine zentrale Qualitätsabteilung, deren Leiter ebenso wie der Produktionsleiter der Geschäftsleitung direkt verantwortlich ist, die günstigste Organisationsform darstellt, ist nur von Fall zu Fall zu entscheiden. Es gibt Betriebe, in denen der Kontrolleiter auch Weisungsbefugnis über Produktionsabteilungen hat und notfalls die Fertigung stillsetzen darf, wenn die Qualität der Erzeugnisse das erforderlich macht. Nach einer anderen Organisationsform darf der für die Qualität Verantwortliche zwar Störungen feststellen, aber nicht beseitigen, weil Maßnahmen zur Korrektur der Produktion in den Verantwortungsbereich des Produktionsleiters fallen.

Letzten Endes ist die Qualitätsregelung ein Hilfsmittel der Fertigung, das der Produktionsleiter möglicherweise wirkungsvoller einsetzen kann, wenn er zugleich die Verantwortung für Quantität und Qualität hat. Das führt meistens zu dezentralisierten Prüfabteilungen. Daneben gibt es noch die Möglichkeit, daß ein Kontrolleiter die Tätigkeit dezentralisierter Kontrollstellen koordiniert und gegenüber Prüfern, die der Fertigung unterstehen, eine beratende Funktion ausübt. Die letztgenannte Organisationsform erfordert bei ihrer Einführung die geringsten Änderungen, krankt aber an der mangelnden Autorität des Kontrolleiters. Im allgemeinen wird sich der zweckmäßigste Organisationstyp aus den speziellen Gegebenheiten des Betriebes und aus der Person des Kontrolleiters ergeben.

Ohne Bezug auf eine bestimmte Organisationsform zu nehmen, wird in Abb. 4a gezeigt, an welchen Stellen der Fertigung die Werkstücke häufig 100%ig geprüft werden.

Schon in der Eingangskontrolle müssen Werkstoffe und von auswärts bezogene Bauteile beurteilt werden. Die als gut befundenen Werkstoffe und Teile werden auf Lager gelegt, bis sie zur Bearbeitung an der Werkzeugmaschine *1* abgerufen werden. Während der Fertigung wird geprüft, ob die Maschineneinstellung in Ordnung ist. Nach der Bearbeitung werden die Werkstücke wieder zum Lager gebracht, um später in einer zentralen Kontrollabteilung 100%ig verlesen zu werden (Zwischenkontrolle). Ein Teil der Werkstücke muß nachgearbeitet werden, ein weiterer Teil ist vielleicht Ausschuß, die guten Teile kommen ins Lager zurück. Es gibt Betriebe, in denen man zu diesem Zeitpunkt nicht mehr feststellen kann, wann, an welcher Maschine und von wem die Teile gefertigt wurden. Eventueller Ausschuß wird so zu spät entdeckt.

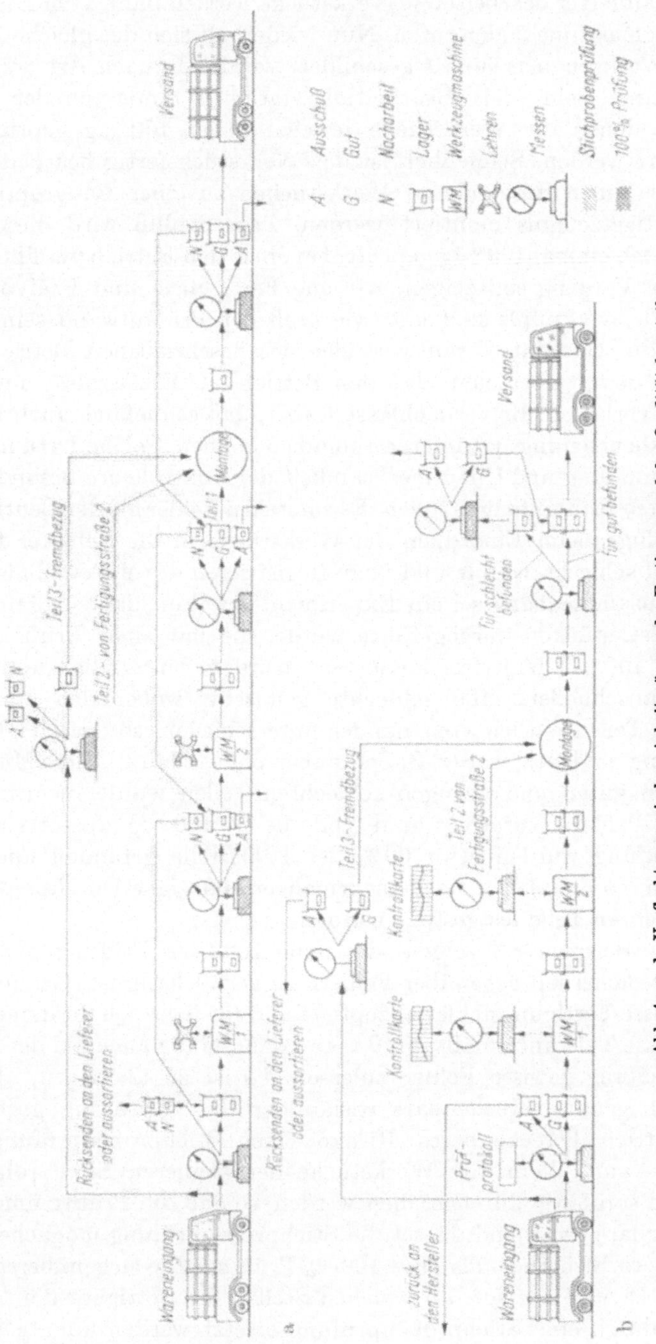

Abb. 4a u. b. Verflechtung zwischen Arbeitsgängen der Fertigung und der Qualitätsbeurteilung
a) bei 100-%-Prüfung, b) bei Stichprobenprüfung.

Die halbfertig bearbeiteten Werkstücke werden dann vom Lager zur Werkzeugmaschine *2* abgerufen. Nun wiederholt sich der gleiche Ablauf, der für Werkzeugmaschine *1* geschildert wurde. Je nach Art der Fertigung können sehr viele Bearbeitungsstationen hintereinander liegen, zwischen denen die Werkstücke jeweils wieder 100%ig geprüft und aussortiert werden. Schließlich ist das Werkstück fertig bearbeitet und kann zusammen mit anderen Werkstücken zu einer Baugruppe oder zum Fertigerzeugnis montiert werden. Zum Schluß wird diese Baugruppe noch einmal 100%ig geprüft, bevor sie den Betrieb verläßt.

Dieser Vorgang soll zeigen, wie eng Fertigungs- und Prüfvorgänge miteinander verknüpft sind und wie groß der Prüfaufwand sein kann. Der für die Qualität Verantwortliche des beschriebenen Betriebes ist sicherlich davon überzeugt, daß den Betrieb nur Erzeugnisse mit guter Qualität verlassen. Er vernachlässigt aber, daß schließlich auch bei der Qualitätsbeurteilung Irrtümer vorkommen können. Solche Irrtümer sind durch Ermüdung und Unaufmerksamkeit der Kontrolleure besonders bei sehr großem Prüfumfang möglich. Es entstehen Fehler bei der Beurteilung des Prüflings, beim Einordnen der Werkstücke in die Behälter für die guten und schlechten Teile und beim Registrieren des Meßergebnisses. In diesem Zusammenhang sei ein Experiment erwähnt, das vor Jahren an 20000 Werkstücken durchgeführt wurde, die mit einer Prüfmaschine zunächst 100%ig fehlerfrei aussortiert wurden. Unter die guten Teile wurden anschließend 100 schlechte gemischt, wobei sich gute und schlechte Teile deutlich voneinander unterschieden, so daß die Fehlerbeurteilung eindeutig war (z.B. Schrauben ohne Schlitz). Diese Mischung aus vielen guten und wenigen schlechten Teilen wurde mehrmals erfahrenen Prüfern vorgelegt und von diesen 100%ig aussortiert. Bei jeder Prüfung wurden etwa 60% der Fehlerteile gefunden und 40% übersehen, so daß selbst nach mehrmaliger 100%iger Durchsicht nicht alle schlechten Teile festgestellt wurden.

Dieses Beispiel soll zeigen, daß eine 100%ige Prüfung nicht mit 100%iger Sicherheit gegenüber Fehlern zu verwechseln ist. Genauso wie man gewisse Fertigungsfehler akzeptiert und für jedes Qualitätsmerkmal eine gewisse Toleranz zuläßt, muß man zwangsläufig auch bei der Qualitätsbeurteilung gewisse Fehler zulassen. Es ist zu überlegen, ob man das nicht genau berechenbare Risiko der 100-%-Prüfung gegen ein mathematisch berechenbares Risoko einer Stichprobenprüfung eintauschen kann. Wenn die Werkstücke der kleineren Stichprobe entsprechend sorgfältig durchgesehen werden, so daß die Prüfirrtümer vernachlässigbar gering sind, bietet die Stichprobenprüfung möglicherweise eine größere Sicherheit als eine 100-%-Prüfung. Die Gegenüberstellung der Abb. 4a und b zeigt, an welchen Stellen des Betriebes die 100-%-Prüfung durch eine Stichprobenprüfung ersetzt werden könnte. Stichprobenkontrollen werden vielfach beim Wareneingang angewendet. Die hierzu verwendeten Stichprobenpläne beruhen auf dem Prinzip, daß man die Qualität der Teillieferung nach dem Ergebnis einer Stichprobenprüfung beurteilt. Vermutet der Besteller auf Grund des Stichprobenergebnisses, daß eine Teillieferung die geforderte Mindestqualität nicht erreicht, dann kann er diese je nach den bestehenden Vereinbarungen an den Lieferer zurückgeben oder 100%ig aussortieren. Besteller und Lieferant sind sich darüber einig, daß sie sich bei der Qualitätsbeurteilung durch Stichproben irren können. Sie sind aber beide bereit, ein bestimmtes, berechenbares Risiko zu tragen, weil sie dadurch gleichzeitig ihre Prüfkosten vermindern können. Stichproben werden nicht nur in der Eingangsprüfung, sondern auch in der Fertigung zur direkten Qualitätsregelung angewendet. Dadurch kann eine 100-%-Prüfung nach jedem Bearbeitungsvorgang fortfallen oder durch eine Stichprobenprüfung ersetzt werden.

Sofern das Qualitätsmerkmal mit vertretbarem Aufwand meßbar ist, empfiehlt es sich, die noch weit verbreitete Lehrenprüfung an der Maschine durch Messen zu ersetzen. Auch hierzu genügen Stichproben. Die Einsparung der 100%igen Zwischenkontrollen fällt besonders dann ins Gewicht, wenn viele Arbeitsgänge aufeinander folgen. Es besteht durchaus die Möglichkeit, kurzzeitig wieder 100%ig zu prüfen, wenn ein vorübergehend hoher Ausschußanteil oder eine Störung an der Werkzeugmaschine es erforderlich machen.

Die Einsparungen durch Anwendung von Stichprobenplänen beinhalten nicht nur die reinen Prüflöhne, sondern auch die Kosten für Meßgeräte, Meßplätze sowie Lagerräume. Die Stichprobenprüfung beschleunigt zudem den Umlauf der Werkstücke und vermindert das in den gelagerten Werkstücken festgelegte tote Kapital. Daneben haben die Maßnahmen zur Qualitätsregelung noch eine erzieherische Wirkung. Wenn im Betrieb bekannt ist, daß die Qualität regelmäßig nachgeprüft wird, dann gibt sich jeder einzelne mehr Mühe. Auch dadurch geht der Ausschußanteil zurück. Gleichzeitig vermindern sich aber auch die Reklamationen der Kunden sowie die dadurch erforderlichen Reparatur- und Serviceleistungen. Rechnerisch nicht erfaßbar ist das dadurch gesteigerte Ansehen des Unternehmens.

4. Statistische Hilfsmittel

4.1 Einführung

Eingangs war davon die Rede, daß die Qualität von technischen Erzeugnissen geregelt werden kann, wenn diese in genügend großen Losen gefertigt werden. Erst dann können nämlich zur Auswertung der Prüfergebnisse statistische Hilfsmittel verwendet werden.

Es handelt sich im allgemeinen um die Aufgabe, eine unbekannte Grundgesamtheit durch Stichproben zu beurteilen, sei es um die Qualität direkt während der Fertigung zu beeinflussen, sei es um über die Annahme oder Ablehnung einer Lieferung zu entscheiden. Die aus Stichproben gewonnenen Erkenntnisse sollen mit einer bestimmten Wahrscheinlichkeit, d.h. mit einer berechenbaren statistischen Sicherheit zutreffen. Um diese statistischen Sicherheiten abschätzen zu können, sind gewisse Grundkenntnisse aus der Wahrscheinlichkeitslehre erforderlich.

In allen Disziplinen, in denen sehr viele Elemente gleicher Art beobachtet werden können, gelten bestimmte Gesetze über deren Verteilung. Die bekannteste Häufigkeitsverteilung ist die sogenannte Normalverteilung, mit der sich Mathematiker verschiedener Länder befaßten (Deutschland: GAUSS, Frankreich: LAPLACE, England: DE MOIVRE, ein emigrierter Franzose, Rußland: LJAPNOW).

Wenn man irgend ein Merkmal, z.B. die Größe oder das Gewicht von Menschen, Tieren, Pflanzen usw. beobachtet und die Häufigkeiten von unendlich vielen Elementen in unendlich schmalen Klassen zählen würde, dann ergäbe sich die bekannte Glockenkurve (Abb. 6). Tatsächlich treten in der Praxis immer endlich viele Elemente auf, deren Häufigkeit in endlich breiten Klassen gezählt wird. Trotzdem findet man schon bei einer relativ kleinen Zahl von Elementen (z.B. schon bei etwa 100) eine recht gute Übereinstimmung zwischen der experimentellen und der theoretischen Normalverteilung. Diese Feststellung hat die Naturwissenschaftler ermutigt, selbst dann mit der theoretischen Verteilung zu arbeiten, wenn die tatsächliche Verteilung nicht genau bekannt ist und nur aus einer Stichprobe geschätzt werden kann.

Die Normalverteilung gilt nicht nur für Erzeugnisse der Natur, sondern auch für technische Produkte. Wenn man das Gewicht oder die Länge von Schrauben mißt und deren Häufigkeitsverteilung aufträgt, so findet man die Gültigkeit des Normalverteilungsgesetzes auch für Merkmale technisch erzeugter Produkte, sofern die betrachteten Qualitätsmerkmale nicht ein- oder zweiseitig eingeschränkt sind. Es sei ferner vorausgesetzt, daß es sich um sehr viele Teile handelt, daß die Werkstücke auf *einer* Maschine bei einer bestimmten und unveränderten Einstellung hergestellt wurden, daß auf den Fertigungsprozeß nur zufällige, nicht aber systematische Störgrößen wirksam waren und daß die Merkmalswerte von *einem* Prüfer auf *einem* Meßgerät bestimmt wurden. Je größer der Umfang der Stichprobe ist, aus der eine statistische Grundgesamtheit beurteilt werden soll, um so besser ist die Übereinstimmung zwischen beiden. Abb. 5 zeigt eine Häufigkeitsverteilung von 100 Merkmalswerten, die eine Stichprobe aus einer normalverteilten Grundgesamtheit mit $\mu = 17$ und $\sigma = 5$ darstellt (gestrichelt eingezeichnet).

Die Kurve der Normalverteilung hat einige markante Eigenschaften:

1. Sie ist symmetrisch und hat beim Mittelwert μ ihr Maximum. Beide Äste der Kurve durchlaufen einen Wendepunkt und nähern sich asymptotisch der Merkmalsachse. Der Abstand beider Wendepunkte vom Mittelpunkt wird als Standardabweichung σ bezeichnet. (Die Standardabweichung ist ein wichtiges Streuungsmaß.)

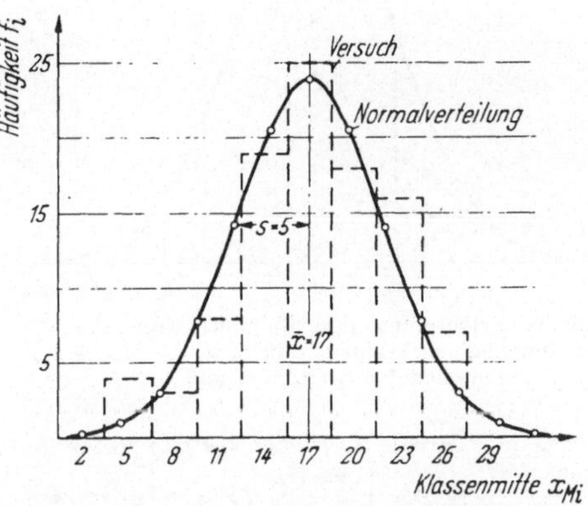

Abb. 5. Häufigkeitsverteilung aus 100 Merkmalswerten aus einer normal verteilten Grundgesamtheit mit $\mu = 17$ und $\sigma = 5$.

2. Innerhalb bestimmter Grenzen entspricht die Fläche unter der Normalverteilungskurve einer bestimmten Wahrscheinlichkeit oder einer statistischen Sicherheit. Die gesamte Fläche unter dieser Kurve, die von $-\infty$ bis $+\infty$ verläuft, stellt die Wahrscheinlichkeit „1" oder 100%ige statistische Sicherheit (= Gewißheit) dar.

Die Aussage, daß sich ein beliebiger Merkmalswert mit absoluter Sicherheit im Bereich von $-\infty$ bis $+\infty$ befindet, gilt ganz allgemein, selbst für einen Merkmalswert, der nicht zu der normal verteilten Grundgesamtheit mit μ und σ gehört. Mit einer statistischen Sicherheit, die kleiner als 100% ist, kann man aber aus der Häufigkeitsverteilung eine speziellere Information erhalten. Hierzu wird die Funktion der Normalverteilungskurve zwischen bestimmten Grenzen integriert. In der Praxis benutzt man stattdessen eine Tafel für die Flächenanteile unter der Normalverteilungskurve (Tab. 2). Die dort angegebenen Wahrscheinlichkeitswerte beziehen sich auf die Differenz zwischen einem Grenzwert x und dem Mittelwert μ, ausgedrückt als Vielfaches der Standardabweichung σ. In der Spalte $\frac{x-\mu}{\sigma}$ findet man die Werte für die Wahrscheinlichkeit, daß ein Merkmalswert, der zu der Normalverteilung mit μ und σ gehört, in den Bereich von $-\infty$ bis $+x$ fällt.

Im allgemeinen interessiert der Bereich von $-\infty$ bis $+x$ weniger als z.B. der von $-x_u$ bis $+x_o$. Die Wahrscheinlichkeit hierfür findet man nach zweimaliger Anwendung von Tab. 2. Zunächst entnimmt man für $\frac{x_o-\mu}{\sigma}$ die Wahrscheinlichkeit P_o und dann unter $\frac{-x_u-\mu}{\sigma}$ die Wahrscheinlichkeit P_u. Die gesuchte Wahrscheinlichkeit ist die Differenz aus P_o und P_u (Abb. 6). Andererseits kann man mit Hilfe von Tab. 2 Grenzwerte zu einer bestimmten Wahrscheinlichkeit finden. Auf diese Weise bestimmt man die Lage der Regelgrenze in einer Kontrollkarte, die einer

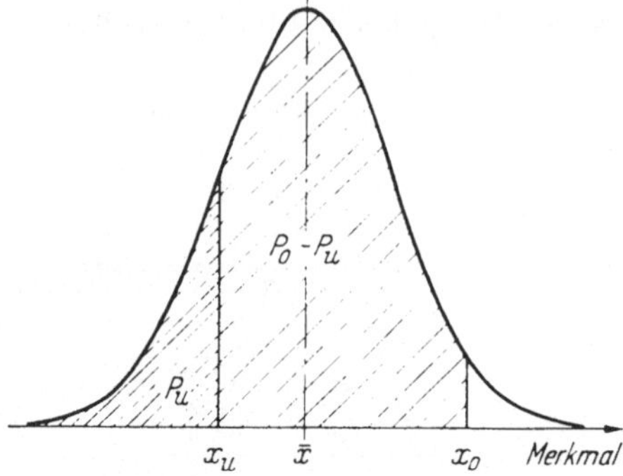

Abb. 6. Erläuterung zum Gebrauch von Tab. 2: Bestimmung der Wahrscheinlichkeit $P = P_o - P_u$ zwischen den Grenzen x_o und x_u.

bestimmten statistischen Sicherheit entspricht. Man geht dabei davon aus, daß die Merkmalswerte eines Qualitätsmerkmals normal verteilt sind. Die charakteristischen Größen dieser Verteilung, Mittelwert und Standardabweichung, werden zuvor aus einer größeren Zahl von Meßwerten geschätzt (Vorlauf). Wirkt auf die Merkmalsgröße eine systematische Störgröße ein (z. B. Werkzeugver-

Tabelle 2. *Flächenanteile unter der Normalverteilungskurve von* $-\infty$ *bis* $+\frac{x-\mu}{\sigma}$ *(Summenwahrscheinlichkeit)* (nach Grant [*B9*])

$\frac{x-\mu}{\sigma}$	0,00	0,01	0,02	0,03	0,04	0.05	0,06	0,07	0.08	0,09
– 3,5	0,00023	0,00022	0,00022	0,00021	0,00020	0,00019	0,00019	0,00018	0,00017	0,00017
– 3,4	0,00034	0,00033	0,00031	0,00030	0,00029	0,00028	0,00027	0,00026	0,00025	0,00024
– 3,3	0,00048	0,00047	0,00045	0,00043	0,00042	0,00040	0,00039	0,00038	0,00036	0,00035
– 3,2	0,00069	0,00066	0,00064	0,00062	0,00060	0,00058	0,00056	0,00054	0,00052	0,00050
– 3,1	0,00097	0,00094	0,00090	0,00087	0,00085	0,00082	0,00079	0,00076	0,00074	0,00071
– 3,0	0,00135	0,00131	0,00126	0,00122	0,00118	0,00114	0,00111	0,00107	0,00104	0,00100
– 2,9	0,0019	0,0018	0,0017	0,0017	0,0016	0,0016	0,0015	0,0015	0,0014	0,0014
– 2,8	0,0026	0,0025	0,0024	0,0023	0,0023	0,0022	0,0021	0,0021	0,0020	0,0019
– 2,7	0,0035	0,0034	0,0033	0,0032	0,0031	0,0030	0,0029	0,0028	0,0027	0,0026
– 2,6	0,0047	0,0045	0,0044	0,0043	0,0041	0,0040	0,0039	0,0038	0,0037	0,0036
– 2,5	0,0062	0,0060	0,0059	0,0057	0,0055	0,0054	0,0052	0,0051	0,0049	0,0048
– 2,4	0,0082	0,0080	0,0078	0,0075	0,0073	0,0071	0,0069	0,0068	0,0066	0,0064
– 2,3	0,0107	0,0104	0,0102	0,0099	0,0096	0,0094	0,0091	0,0089	0,0087	0,0084
– 2,2	0,0139	0,0136	0,0132	0,0129	0,0125	0,0122	0,0119	0,0116	0,0113	0,0110
– 2,1	0,0179	0,0174	0,0170	0,0166	0,0162	0,0158	0,0154	0,0150	0,0146	0,0143
– 2,0	0,0228	0,0222	0,0217	0,0212	0,0207	0,0202	0,0197	0,0192	0,0188	0,0183
– 1,9	0,0287	0,0281	0,0274	0,0268	0,0262	0,0256	0,0250	0,0244	0,0239	0,0233
– 1,8	0,0359	0,0351	0,0344	0,0336	0,0329	0,0322	0,0314	0,0307	0,0301	0,0294
– 1,7	0,0446	0,0436	0,0427	0,0418	0,0409	0,0401	0,0392	0,0384	0,0375	0,0367
– 1,6	0,0548	0,0537	0,0526	0,0516	0,0505	0,0495	0,0485	0,0475	0,0465	0,0455
– 1,5	0,0668	0,0655	0,0643	0,0630	0,0618	0,0606	0,0594	0,0582	0,0571	0,0559
– 1,4	0,0808	0,0793	0,0778	0,0764	0,0749	0,0735	0,0721	0,0708	0,0694	0,0681
– 1,3	0,0968	0,0951	0,0934	0,0918	0,0901	0,0885	0,0869	0,0853	0,0838	0,0823
– 1,2	0,1151	0,1131	0,1112	0,1093	0,1075	0,1057	0,1038	0,1020	0,1003	0,0985
– 1,1	0,1357	0,1335	0,1314	0,1292	0,1271	0,1251	0,1230	0,1210	0,1190	0,1170
– 1,0	0,1587	0,1562	0,1539	0,1515	0,1492	0,1469	0,1446	0,1423	0,1401	0,1379
– 0,9	0,1841	0,1814	0,1788	0,1762	0,1736	0,1711	0,1685	0,1660	0,1635	0,1611
– 0,8	0,2119	0,2090	0,2061	0,2033	0,2005	0,1977	0,1949	0,1922	0,1894	0,1867
– 0,7	0,2420	0,2389	0,2358	0,2327	0,2297	0,2266	0,2236	0,2207	0,2177	0,2148
– 0,6	0,2743	0,2709	0,2676	0,2643	0,2611	0,2578	0,2546	0,2514	0,2483	0,2451
– 0,5	0,3085	0,3050	0,3015	0,2981	0,2946	0,2912	0,2877	0,2843	0,2810	0,2776
– 0,4	0,3446	0,3409	0,3372	0,3336	0,3300	0,3264	0,3228	0,3192	0,3156	0,3121
– 0,3	0,3821	0,3783	0,3745	0,3707	0,3669	0,3632	0,3594	0,3557	0,3520	0,3483
– 0,2	0,4207	0,4168	0,4129	0,4090	0,4052	0,4013	0,3974	0,3936	0,3897	0,3859
– 0,1	0,4602	0,4562	0,4522	0,4483	0,4443	0,4404	0,4364	0,4325	0,4286	0,4247
– 0,0	0,5000	0,4960	0,4920	0,4880	0,4840	0,4801	0,4761	0,4721	0,4681	0,4641

schleiß), so werden die Merkmalswerte systematisch verändert, so daß sie sich im Laufe der Zeit in zunehmendem Maße nicht mehr der ursprünglichen Verteilung zuordnen lassen. Die systematische Veränderung der Merkmalswerte wird dadurch angezeigt, daß ein einzelner Merkmalswert eine der Regelgrenzen überschreitet.

Das Gesetz der Normalverteilung wendet man auch bei der indirekten Qualitätsregelung an. Es liegt den Stichprobenplänen für meßbare Größen (vgl. S. 95) zugrunde.

Wie auf S. 49 erwähnt werden wird, ist die Normalverteilung nur ein Sonderfall der allgemein gültigen binomischen Verteilung. Für die Qualitätsregelung ist noch ein zweiter Sonderfall, die POISSONsche Verteilung von großem Interesse. Dieses Gesetz für seltene Ereignisse wird zur Beurteilung nicht meßbarer Qualitätsmerkmale (Attribute) herangezogen, wenn die Wahrscheinlichkeit für das Eintreten des Ereignisses

Tabelle 2 (Fortsetzung)

$\frac{x-\mu}{\sigma}$	0,00	0,01	0,02	0,03	0,04	0,05	0,06	0,07	0,08	0,09
+ 0,0	0,5000	0,5040	0,5080	0,5120	0,5160	0,5199	0,5239	0,5279	0,5319	0,5359
+ 0,1	0,5398	0,5438	0,5478	0,5517	0,5557	0,5596	0,5636	0,5675	0,5714	0,5753
+ 0,2	0,5793	0,5832	0,5871	0,5910	0,5948	0,5987	0,6026	0,6064	0,6103	0,6141
+ 0,3	0,6179	0,6217	0,6255	0,6293	0,6331	0,6368	0,6406	0,6443	0,6480	0 6517
+ 0,4	0,6554	0,6591	0,6628	0,6664	0,6700	0,6736	0,6772	0,6808	0,6844	0,6879
+ 0,5	0,6915	0,6950	0,6985	0,7019	0,7054	0,7088	0,7123	0,7157	0,7190	0,7224
+ 0,6	0,7257	0,7291	0,7324	0,7357	0,7389	0,7422	0,7454	0,7486	0,7517	0,7549
+ 0,7	0,7580	0,7611	0,7642	0,7673	0,7704	0,7734	0,7764	0,7794	0,7823	0,7852
+ 0,8	0,7881	0,7910	0,7939	0,7967	0,7995	0,8023	0,8051	0,8079	0,8106	0,8133
+ 0,9	0,8159	0,8186	0,8212	0,8238	0,8264	0,8289	0,8315	0,8340	0,8365	0,8389
+ 1,0	0,8413	0,8438	0,8461	0,8485	0,8508	0,8531	0,8554	0,8577	0,8599	0,8621
+ 1,1	0,8643	0,8665	0,8686	0,8708	0,8729	0,8749	0,8770	0,8790	0,8810	0,8830
+ 1,2	0,8849	0,8869	0,8888	0,8907	0,8925	0,8944	0,8962	0,8980	0,8997	0,9015
+ 1,3	0,9032	0,9049	0,9066	0,9082	0,9099	0,9115	0,9131	0,9147	0,9162	0,9177
+ 1,4	0,9192	0,9207	0,9222	0,9236	0,9251	0,9265	0,9279	0,9292	0 9306	0,9319
+ 1,5	0,9332	0,9345	0,9357	0,9370	0,9382	0,9394	0,9406	0,9418	0,9429	0,9441
+ 1,6	0,9452	0,9463	0,9474	0,9484	0,9495	0,9505	0,9515	0,9525	0,9535	0,9545
+ 1,7	0,9554	0,9564	0,9573	0,9582	0,9591	0,9599	0,9608	0,9616	0,9625	0,9633
+ 1,8	0,9641	0,9649	0,9656	0,9664	0,9671	0,9678	0,9686	0,9693	0,9699	0,9706
+ 1,9	0,9713	0,9719	0,9726	0,9732	0,9738	0,9744	0,9750	0,9756	0,9761	0,9767
+ 2,0	0,9773	0,9778	0,9783	0.9788	0,9793	0,9798	0,9803	0,9808	0,9812	0,9817
+ 2,1	0,9821	0,9826	0,9830	0,9834	0,9838	0,9842	0,9846	0,9850	0,9854	0,9857
+ 2,2	0,9861	0,9864	0,9868	0,9871	0,9875	0,9878	0,9881	0,9884	0,9887	0,9890
+ 2,3	0,9893	0,9896	0,9898	0,9901	0,9904	0,9906	0,9909	0,9911	0,9913	0,9916
+ 2,4	0,9918	0,9920	0,9922	0,9925	0.9927	0,9929	0,9931	0,9932	0,9934	0,9936
+ 2,5	0,9938	0,9940	0,9941	0,9943	0,9945	0,9946	0,9948	0,9949	0,9951	0,9952
+ 2,6	0,9953	0,9955	0,9956	0,9957	0,9959	0,9060	0,0061	0,9902	0,9963	0,9964
+ 2,7	0,9965	0,9966	0,9967	0,9968	0,9969	0,9970	0,9971	0,9972	0,9973	0,9974
+ 2,8	0,9974	0,9975	0,9976	0,9977	0,9977	0.9978	0,9979	0,9979	0,9980	0,9981
+ 2,9	0,9981	0,9982	0,9983	0,9983	0,9984	0,9984	0,9985	0,9985	0,9986	0,9986
+ 3,0	0,99865	0,99869	0,99874	0,99878	0,99882	0,99886	0,99889	0,99893	0,99896	0,99900
+ 3,1	0,99903	0,99906	0,99910	0,99913	0,99915	0,99918	0,99921	0.99924	0,99926	0,99929
+ 3,2	0,99931	0,99934	0,99936	0,99938	0,99940	0,99942	0,99944	0,99946	0,99948	0,99950
+ 3,3	0,99952	0,99953	0,99955	0,99957	0,99958	0,99960	0,99961	0,99962	0,99964	0,99965
+ 3,4	0,99966	0,99967	0,99969	0,99970	0,99971	0,99972	0,99973	0,99974	0,99975	0,99976
− 3,5	0,99977	0,99978	0,99978	0,99979	0,99980	0,99981	0,99981	0,99982	0,99983	0,99983

(z.B. Auftreten eines Fehlers) relativ gering, jedenfalls kleiner als 10% ist. Da der zu beurteilende Fehleranteil selten größer als 10% ist, kann die POISSONsche Verteilung fast immer zur Berechnung der Regelgrenzen von Kontrollkarten für nicht meßbare Größen (s. S. 65f.) und zur Beurteilung von Attributiv-Stichprobenplänen (s. S.77f.) verwendet werden.

Die Verteilungsgesetze werden noch am Schluß dieses Kapitels behandelt. Zunächst seien einige Hinweise zum Sammeln, Darstellen und Auswerten von Daten gegeben.

4.2 Darstellen und Auswerten von Daten

4.2.1 Tabellen

Nach DIN 55301 „Gestaltung statistischer Tabellen" werden in Tabellen bestimmte empirische Sachverhalte und daraus abgeleitete Zahlen wiedergegeben. Das genannte Normblatt enthält einige allgemeine Regeln für den Aufbau, die Lineatur, die Numerierung von Spalten und Zeilen, den Text und die Zahlen, die nachfolgend im Auszug wiedergegeben werden.

Die waagerechten Reihen einer Tabelle heißen Zeilen, die senkrechten Spalten. Zeilen werden durch die Vorspalte gekennzeichnet, während der Inhalt der Spalten im Tabellenkopf steht. Das Fach, das durch die Kreuzung von Vorspalte und Tabellenkopf entsteht, kann leer bleiben oder als Kopf der Vorspalte benutzt werden. Wird es als Vorspalte zum Tabellenkopf gebraucht, so muß das durch einen Pfeil besonders gekennzeichnet werden. Dient dieses Fach sowohl als Vorspalte für den Tabellenkopf als auch für die Vorspalte, so kann es durch einen Diagonalstrich geteilt werden. Jede Tabelle soll eine Überschrift tragen. Fußnoten sind unter die Tabelle zu setzen. Bei der Gliederung in Kopf- und Vorspalte ist eine übertriebene Schachtelung zu vermeiden. Trotzdem können mehrere Spalten und mehrere Zeilen mit gemeinsamen Oberbegriffen versehen werden. Bei sehr breiten Tabellen kann die Vorspalte rechts außen wiederholt werden. Entsprechend darf auch bei sehr hohen Tabellen der Kopf unten nochmals aufgeführt werden.

Waagerechte Begrenzungslinien sollten nur über und unter dem Tabellenkopf, nicht aber zur Trennung einzelner Zeilen verwendet werden. Durch Leerzeilen in regelmäßigen Abständen (z.B. alle 5 oder 10 Zeilen) wird die Gliederung übersichtlicher. Auch zur Trennung der Spalten sollte man nach Möglichkeit einen genügenden Abstand lassen. Dagegen sind die Spalten im Tabellenkopf durch senkrechte Linien zu trennen. Auch zwischen Vorspalte und den übrigen Spalten sollte eine Trennlinie verlaufen. Alle Linien sind möglichst dünn zu ziehen. Werden zwei Strichdicken verwendet, so werden Tabellenkopf und Vorspalte durch dickere Striche von den übrigen Zeilen und Spalten getrennt. Tabellen können durch Randlinien eingerahmt werden. Es ist nicht immer erforderlich, Spalten und Zeilen zu numerieren. Die Numerierung der Spalten empfiehlt sich aber, wenn der beschreibende Text Hinweise (z.B. Rechenvorschriften) enthält. Die Spalten werden durchlaufend numeriert, jedoch ohne Einschluß der Vorspalte. Die Tabelle mit Überschrift muß so übersichtlich sein, daß sie auch ohne Begleittext verständlich ist. Zur Überschrift gehören der Titel (knappe Form ohne Punkt), Tabellennummer, Autor, Ausgabetag und Quelle. Angaben, die sich nur auf Teile der Tabelle beziehen, sind als Fußnote zu bringen. Bei der Numerierung der Fußnoten ist die Reihenfolge nach Zeilen derjenigen nach Spalten vorzuziehen. Die Bezeichnungen in Vorspalte und Kopf sollten möglichst in der Einzahl stehen und durch substantivierte Ausdrücke gekürzt werden.

Vielstellige Zahlen sind vom Dezimalkomma aus durch Zwischenräume in Dreiergruppen zu unterteilen. Handelt es sich um eine Urliste, die zum Zusammenfassen des Grundmaterials dient, so sind die Daten vollständig und nicht gerundet aufzuführen. Die Tabelle zum Nachweis eines Kausalzusammenhangs ist übersichtlicher, wenn die Daten gerundet und möglicherweise in einem bestimmten Verhältnis geändert sind. Für das Runden gelten die in DIN 1333 ,,Runden von Zahlen“ getroffenen Festlegungen.

Demnach rundet man ab, wenn auf die letzte Stelle, die noch angegeben werden soll, eine 0, 1, 2, 3 oder 4 folgt ($6{,}343 \approx 6{,}34 \approx 6{,}3$). Steht nach der letzten anzugebenden Stelle eine 9, 8, 7 oder 6, so wird diese um 1 aufgerundet ($6{,}369 \approx 6{,}37 \approx 6{,}4$). Folgt auf die letzte Ziffer, die noch angegeben werden soll, eine 5, so werden folgende Fälle unterschieden:

1. Sofern hinter der 5 noch mindestens eine von Null verschiedene Stelle steht, wird aufgerundet ($4{,}35001 \approx 4{,}4$).

2. Ist bekannt, daß die 5 durch Runden entstanden ist, so wird abgerundet, wenn die 5 aufgerundet war, oder aufgerundet, wenn die 5 abgerundet war ($6{,}3149 \approx 6{,}315 \approx 6{,}31$; $4{,}1852 \approx 4{,}185 \approx 4{,}19$).

3. Ist die Herkunft der zu rundenden 5 nicht bekannt oder handelt es sich um eine genaue 5, so wird so gerundet, daß die letzte Zahl gerade wird ($1/16 \approx 0{,}0625 \approx 0{,}062$, $3^{3}/_{4} \approx 3{,}75 \approx 3{,}8$).

In Zahlentafeln können die aufgerundeten Zahlen durch einen Strich unter der letzten Ziffer ($4{,}175 \approx 4{,}1\underline{8}$), die abgerundeten durch einen Punkt über der letzten Stelle kenntlich gemacht werden ($6{,}315 \approx 6{,}3\dot{1}$).

Nicht immer können Tabellen vollständig sein. Für fehlende Zahlenangaben werden folgende Zeichen eingesetzt:

× wenn eine Eintragung aus sachlichen Gründen nicht gemacht werden kann,

– wenn der Zahlenwert genau Null ist,

0 wenn der Zahlenwert von Null verschieden ist, in der gewählten Einheit jedoch nicht angegeben werden kann,

. wenn der Zahlenwert unbekannt ist oder aus sachlichen Gründen nicht angegeben werden kann,

... wenn der Zahlenwert noch nicht vorliegt, aber noch zu erwarten ist.

4.2.2 Diagramme

Diagramme können symbolische Darstellungen, Stab-, Stapel- oder Liniendiagramme sein. Im Bereich der Qualitätsregelung verwendet man eine Sonderform des Stabdiagramms zum Auftragen der Häufigkeitsverteilung, während man das Liniendiagramm z. B. zur Darstellung der Regressionsgerade benutzt.

Zu den symbolischen Darstellungen gehören auch solche mit Kreissegmenten, deren Zentriwinkel den darzustellenden Anteilen entsprechen (360° = 100%). Die Anwendung dieser Darstellungsart wird dadurch eingeschränkt, daß nicht beliebig viele Kreissegmente nebeneinander angeordnet werden können, ohne daß die Übersicht leidet. Da ein Maßstab im Bild nicht vorhanden ist, kann das Auge immer nur benachbarte Kreise miteinander vergleichen. In einem Stabdiagramm kann man wesentlich mehr Vorgänge nebeneinander stellen. Die Länge eines aufrecht stehenden Stabes entspricht jeweils der darzustellenden Größe. Jeder Stab kann in bestimmte Anteile aufgeteilt werden, die durch Schraffur voneinander unterschieden werden können. Aus optischen Gründen empfiehlt es sich, die kräftigeren Schraffuren für die unten liegenden Abschnitte zu wählen. Schiebt man die Säulen eines Stabdiagramms ohne Zwischenraum aneinander, so entsteht das auf S. 23 besprochene Häufigkeitsdiagramm. Zeichnet man hingegen nicht mehr einzelne Stäbe, sondern stapelt man die einzelnen Anteile übereinander, so wird aus dem Stab- das Stapeldiagramm, das den Vorteil bietet, daß sich die einzelnen Linienzüge nicht überschneiden. Allerdings kann man die Größen der einzelnen Anteile nur mit Mühe aus dem Diagramm herauslesen. Das ist einfacher, wenn die betrachteten Anteile von einer gemeinsamen Abszisse aus aufgetragen werden. Dadurch wird das Stapeldiagramm zum Liniendiagramm. Meistens wird das Liniendiagramm in rechtwinkeligen Koordinaten, zuweilen auch in Polarkoordinaten gezeichnet.

Nachfolgend seien nach DIN 461 „Graphische Darstellung durch Schaulinien" einige Hinweise für das Liniendiagramm gegeben.

Millimeterpapier, das beim punktweisen Auftragen einer Kurve Vorteile bietet, ist wegen der ungünstigen photographischen oder drucktechnischen Wiedergabe nicht zu verwenden. Statt dessen ist ein grobes Netz zur Orientierung einzuzeichnen. Die Netzlinien sollen möglichst dünn ausgezogen werden. Nullinie und andere Bezugslinien sollen stärker als die Netzlinien, jedoch schwächer als die Schaulinie sein. Wenn sich mehrere Schaulinien in einem Bild befinden, so muß der Verlauf jeder einzelnen Linie durch unterschiedliche Strichführung klar zu erkennen sein. Auch die Diagrammpunkte müssen sich den jeweiligen Schaulinien zuordnen lassen.

Wenn die Nullinie aus Gründen der Darstellung im Diagramm nicht erscheint, so sollte das Netz nach dieser Nullinie hin offen bleiben. Zahlen und Einheiten der Netzlinien sowie Benennungen sind links von der senkrechten und unterhalb der waagerechten Achse anzuordnen, damit sie ohne Drehung des Bildes lesbar sind. Aus Darstellung und Erläuterung soll hervorgehen, in welcher Weise die Schaulinie gewonnen wurde. Deshalb sind Formeln, Beobachtungswerte oder Konstanten, die dem Diagramm zugrunde liegen, mit anzugeben. Im übrigen enthält die graphische Darstellung aber nur die wesentlichsten Zahlenwerte (gerundet), Titel und Quellenangabe dürfen jedoch nicht fehlen, damit das Diagramm auch ohne erläuternden Text verständlich ist.

4.2.3 Häufigkeitsdiagramm

Wie bereits erwähnt, kann man das Stabdiagramm zur Darstellung einer Häufigkeitsverteilung benutzen. Die Häufigkeitsverteilung beschreibt die Verteilung einer größeren Zahl von Meßwerten. Sie ist wesentlich anschaulicher als die Urliste, die ihr zugrunde liegt. Das Häufigkeitsdiagramm entsteht dadurch, daß die Meßwerte auf einige Klassen gleicher Breite verteilt werden. Die zweckmäßige Anzahl K der Klassen kann näherungsweise als Wurzel aus dem Stichprobenumfang n angenommen werden

$$K = \sqrt{n}. \tag{1}$$

Zur genaueren Berechnung der Klassenzahl dient die von STRAUCH [*B 22*] aus der binomischen Verteilung abgeleitete Beziehung

$$K \gtreqless \frac{\log n}{\log 2} + 1. \tag{2}$$

Es empfiehlt sich, die Klassenzahl im Zweifelsfall eher etwas niedriger zu wählen. Die Klassenbreite b ist sowohl durch die Anzahl der Klassen K als auch durch die Spannweite R gegeben [*B 23*]

$$b = \frac{R}{K - 1}. \tag{3}$$

Hierin ist die Spannweite R die Differenz aus Größt- und Kleinstwert der Merkmalswerte

$$R = x_{max} - x_{min}. \tag{4}$$

Die Klassenbreite b sollte immer größer sein als die Unsicherheit eines einzelnen Meßwertes. Ein Maß für die von Meßgerät und Beobachter verursachte Unsicherheit ist die Standardabweichung s_M, deren sechsfacher Betrag kleiner sein sollte als die Klassenbreite:

$$b > 6 s_M . \tag{5}$$

Beispiel 1. Zeichnen einer Häufigkeitsverteilung

Die in Tab. 3 dargestellte Urliste enthält Abmaße der Innendurchmesser gedrehter Hülsen. Die Merkmalswerte wurden in 5 Gruppen zu je 10 Werten ermittelt. Es wird zunächst angenommen, daß sie zu einem gemeinsamen Kollektiv gehören, dessen charakteristische Größen aus dem Häufigkeitsdiagramm bestimmt werden sollen. Zur Messung wurde ein Meßgerät verwendet, für das aus früheren Messungen die Größe $s_M = 0{,}3$ µm bekannt ist.

Tabelle 3. *Urliste von 50 Merkmalswerten* (Abweichungen [µm] der Innendurchmesser gedrehter Teile vom Einstellmaß 23,985 mm)

Uhrzeit		9.00	9.30	10.00	10.30	11.00
Stichprobe i		1	2	3	4	5
	1	18	18	20	15	10
Merk-	2	23,5	20,5	18	14,5	13
mals-	3	22	17,5	17	18	15,5
werte	4	*26*	13	17	11	18,5
der	5	24	16,5	15,5	10	16
i-ten	6	21	17,5	16	14	13,5
Stich-	7	22	16	13	15	15
probe	8	15	16	14	*9*	16
	9	17	13,5	15	12	19
	10	16,5	17	16	13	10,5
Symbol		×	∕	∖	|	—

Zunächst kann man nach Gl. (1) die Klassenzahl berechnen: $K = \sqrt{50} \approx 7$. Die Spannweite ergibt sich nach Gl. (4) zu $R = 26\ \mu\text{m} - 9\ \mu\text{m} = 17\ \mu\text{m}$. Nun wird mit R und K aus Gl. (3) die Klassenbreite berechnet:

$$b = \frac{17}{7-1}\ \mu\text{m} \approx 3{,}0\ \mu\text{m}.$$

Gemäß Gl. (5) muß noch gezeigt werden, daß die Unsicherheit der Meßwerte wirklich kleiner als die Klassenbreite ist: $b = 3{,}0\ \mu\text{m} > 6 \cdot 0{,}3\ \mu\text{m} \approx 1{,}8\ \mu\text{m}$.

Zweckmäßigerweise legt man den kleinsten Meßwert etwa in die Mitte der untersten Klasse. Die Klassengrenzen sollten möglichst mit keinem Meßwert übereinstimmen. Das wird nicht immer möglich sein. Meßwerte, die auf die Klassengrenze fallen, können je zur Hälfte den beiden angrenzenden Klassen zugeordnet werden. Die unterste Klassengrenze wird mit 7,75 festgelegt. Hiernach ergeben sich die weiteren Klassengrenzen zu 10,75, 13,75, 16,75, 19,75, 22,75 und 25,75. Abb. 7 zeigt die Häufigkeitsverteilung, die aus der Zuordnung der Werte in die festgelegten Klassen entsteht. Hierbei wurden die Merkmalswerte der 5 Gruppen durch unterschiedliche Symbole (×, ∕, ∖, | und –) gekennzeichnet. Dadurch zeigt es sich, daß die Merkmalswerte der 5 Gruppen sich nicht ganz gleichmäßig auf alle Klassen verteilen. Hiervon sei aber zunächst abgesehen. Die Merkmalswerte werden nachfolgend so behandelt, als gehörten sie einer gemeinsamen normalverteilten Grundgesamtheit an.

In Abb. 7 unten wurde nicht nur die im Beispiel 1 ermittelte absolute Klassenhäufigkeit f_i aufgetragen, sondern durch Aufaddieren auch die Summenhäufigkeit $\sum f_i = f_1 + f_2 + \cdots + f_7$ gebildet. Bezieht man die absolute Summenhäufigkeit auf die Anzahl der Werte n, so kommt man zur relativen Summenhäufigkeit $\sum f_i(\%) = \frac{\Sigma f_i}{n} \cdot 100$.

In einem gleichmäßig geteilten rechtwinkeligen Koordinatensystem ergibt sich für die Summenhäufigkeit in Abhängigkeit von der normalverteilten Merkmalsgröße ein S-förmiger Verlauf (Abb. 8). Diese Kurve, die für die Normalverteilung Ogive genannt wird, verläuft in ihrem mittleren Bereich [um $\sum f_i(\%) = 50\%$] annähernd linear. Wird die Ordinate für die Summenhäufigkeit im unteren und oberen Bereich entsprechend verzerrt, dann wird die Ogive zur Geraden. Eine so verzerrte Skala nennt man Wahrscheinlichkeitsskala. Das Koordinatensystem aus Wahrscheinlichkeitsskala und gleichmäßig geteilter Abszissenachse heißt Wahrscheinlichkeitsnetz oder Wahrscheinlichkeitspapier.

Klasse		1	2	3	4	5	6	7	
Klassengrenze	7,75	10,75	13,75	16,75	19,75	22,75	25,75	28,75	
f_i		4	8	18	12	5	2	1	
Σf_i		4	12	30	42	47	49	50	
Σf_i%		8	24	60	84	94	98	100	

Abb. 7. Häufigkeitsverteilung der Merkmalswerte aus Tab. 3.

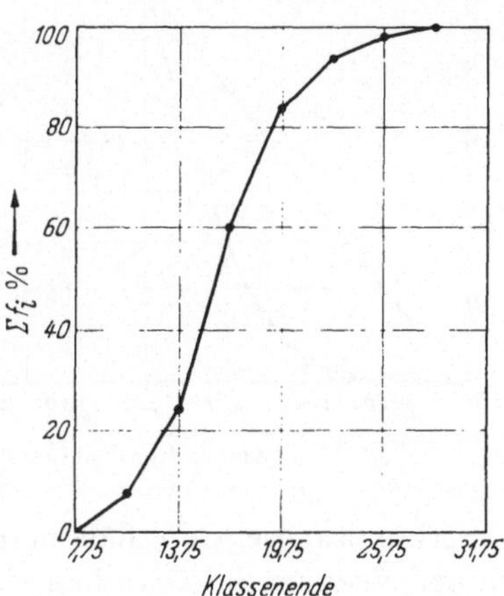

Abb. 8. Relative Summenhäufigkeit der Merkmalswerte aus Tab. 3, aufgetragen in gleichgeteilte Koordinaten.

4.3 Graphische Auswertung auf Wahrscheinlichkeitspapier

Wahrscheinlichkeitspapier befindet sich im Handel, so daß man kaum in die Verlegenheit gerät, sich dieses Netz selbst herzustellen. Zum besseren Verständnis sei jedoch nachfolgend die Konstruktion des Wahrscheinlichkeitsnetzes beschrieben.

Man geht zunächst von der Summenkurve für die Normalverteilung aus, die man nach Tab. 2 aufzeichnen kann (Abb. 9). Dann projiziert man die Summenkurve auf eine Gerade, die die Ogive bei $\sum f_i(\%) = 50\%$ schneidet, und fällt von diesen Punkten das Lot auf eine Achse senkrecht

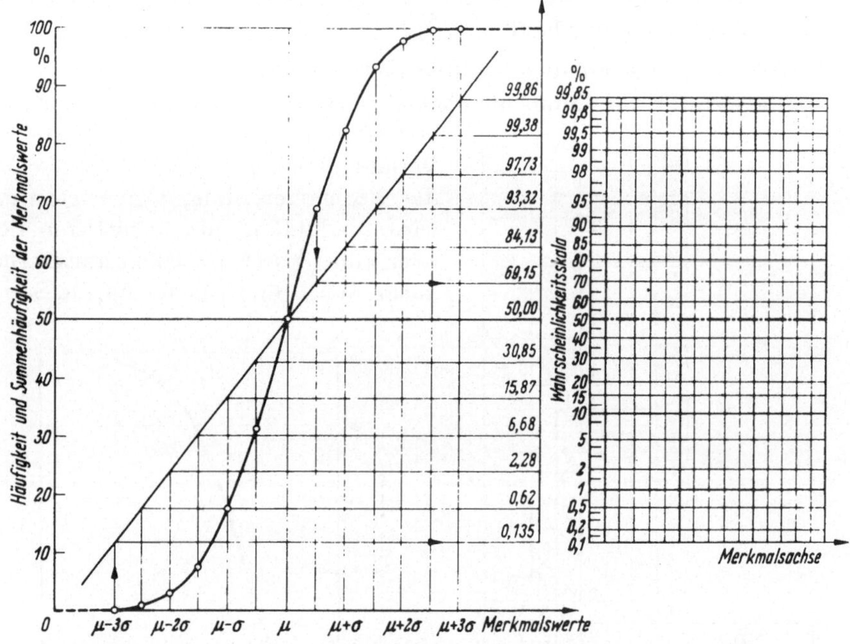

Abb. 9. Konstruktion der Wahrscheinlichkeitsskala.

zur Merkmalsachse. So erhält man die Wahrscheinlichkeitsskala, die je nach der Neigung der Gerade gestreckt oder gestaucht werden kann.

Auf dem Wahrscheinlichkeitspapier wird jede Summenprozentkurve eine Gerade, sofern die ihr zugrunde liegenden Merkmalswerte normal verteilt sind.

Unter bestimmten Voraussetzungen kann man mit Hilfe von Wahrscheinlichkeitspapier ein Mischkollektiv in mehrere Teilkollektive zerlegen [*B 4*]. Man macht dabei von der Erscheinung Gebrauch, daß die relativen Häufigkeitswerte einer Normalverteilung im Wahrscheinlichkeitsnetz einen symmetrischen, parabelartigen Verlauf haben. Wenn für ein Teilkollektiv ein Ast der Verteilungskurve bekannt ist, dann kann der zweite symmetrisch hierzu ergänzt werden.

Das Wahrscheinlichkeitspapier wird meistens dazu verwendet, um aus der relativen Summenhäufigkeit einer Normalverteilung Mittelwert und Standardabweichung zu bestimmen. Aus Abb. 10, in der die Summenprozente für die Häufigkeitsverteilung aus Beispiel 1 aufgetragen wurden, wird deutlich, wie man dabei vorzugehen hat.

Zunächst werden die relativen Summenhäufigkeiten jeweils an den Klassenenden aufgetragen und die sich ergebenden Punkte im Wahrscheinlichkeitsnetz durch eine Ausgleichsgerade verbunden. Da die kleineren und größeren Summenprozentwerte auf der Wahrscheinlichkeitsskala stark verzerrt sind, werden die Summenprozentwerte im Bereich von 20 % bis 80 % stärker bewertet als unterhalb und oberhalb dieser Grenzen. Die in Abb. 7 aufgetragene Häufigkeitsverteilung zeigt deutlich gewisse Unregelmäßigkeiten, die auch im Wahrscheinlichkeitsnetz erscheinen (Abb. 10). Trotzdem wird bei diesem Beispiel die Auswertung so vorgenommen, als handele es sich um eine Normalverteilung. Da bei einer Normalverteilung der Mittelwert genau einer relativen Summenhäufigkeit von 50 % entspricht, findet man den Mittelwert als Lot des Schnittpunktes von Summenhäufigkeitsgerade und 50-%-Linie auf die Merkmalsachse. Entsprechend ergibt sich auch die Standardabweichung: Nach Tab. 2 entspricht der Bereich von $-\infty$ bis $\mu - \sigma$ einer Wahrscheinlichkeit von 15,78 %, also rund 16 % (vgl. auch Abb. 11a–c). Wenn man also den Schnittpunkt zwischen der Summenhäufigkeitsgerade und der 16-%-Linie auf die Merkmalsachse lotet, findet man einen Punkt, der

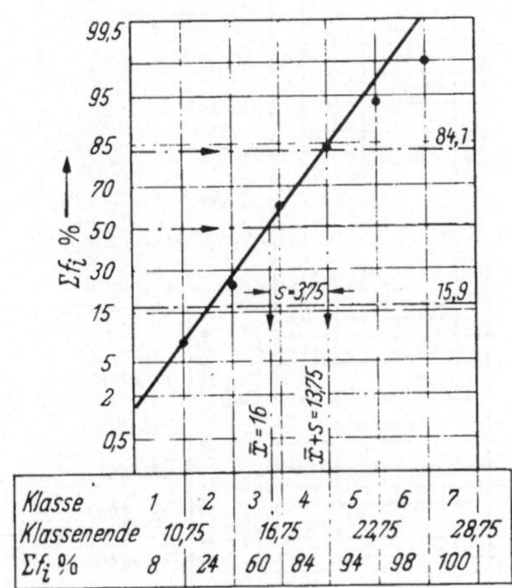

Abb. 10. Relative Summenhäufigkeit der Merkmalswerte aus Tab. 3, aufgetragen auf Wahrscheinlichkeitspapier.

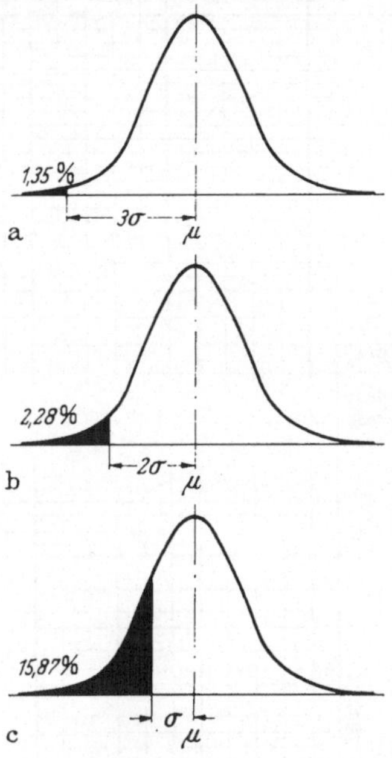

Abb. 11a–c. Summenhäufigkeit als Fläche unter der Normalverteilungskurve in den Grenzen von a) $-\infty$ bis $\mu - 3\sigma$, b) $-\infty$ bis $\mu - 2\sigma$ und c) $-\infty$ bis $\mu - \sigma$.

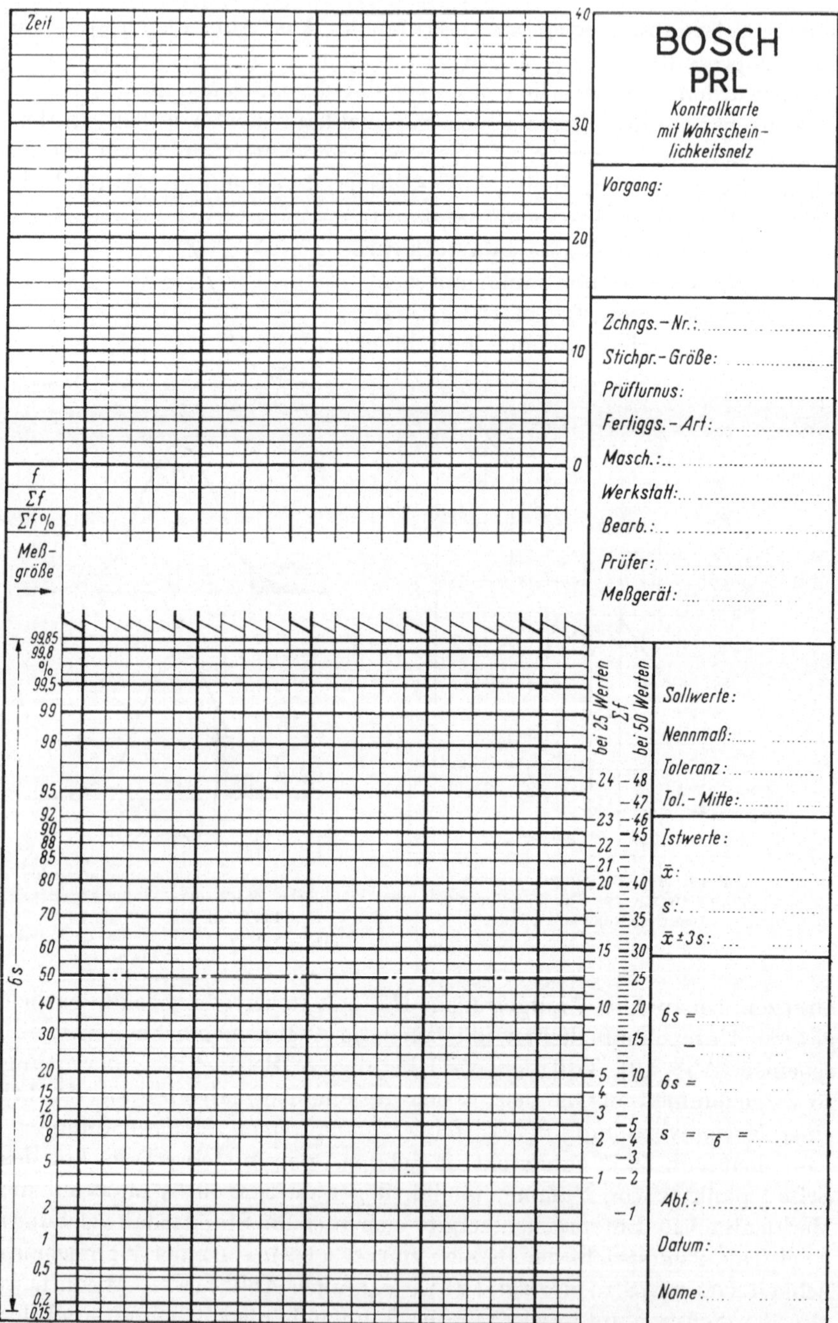

Abb. 12. Kontrollkarte mit Wahrscheinlichkeitsnetz (Bosch).

zum Mittelwert μ den Abstand σ hat. Handelt es sich um eine technische Verteilung, wie die in Abb. 7, so wird der Mittelwert mit $\bar{x}$ und die Standardabweichung mit s bezeichnet. Die Größen μ und σ sollen nur der theoretischen Verteilung vorbehalten bleiben.

Aus Abb. 10 können $\bar{x} = 16$ und $s = 3{,}75$ abgelesen werden.

Bei häufiger Arbeit mit Wahrscheinlichkeitspapier ist eine handliche Kunststofftafel mit Wahrscheinlichkeitsnetz praktisch, die mit Fettstift beschrieben werden kann und unter dem Namen „Statifix"[1] im Handel ist. Abb. 12 zeigt ein Formblatt (Bosch) zur Auswertung einer Häufigkeitsverteilung im Wahrscheinlichkeitsnetz.

Wahrscheinlichkeitspapier kann selbst dann verwendet werden, wenn das auszuwertende Datenmaterial nur einen kleinen Umfang ($n > 25$) besitzt. Allerdings lassen sich dann die Merkmalswerte nicht mehr auf einzelne Klassen verteilen. Statt dessen werden die Merkmalswerte der Größe nach geordnet. Dem 1., 2., 3. ... i-ten Wert sind bestimmte relative Summenhäufigkeitswerte zuzuordnen, die aus den nachfolgenden Beziehungen berechnet werden können [*B 23, Z 17*]:

$$\text{für } n < 25 \qquad \sum f_i(\%) = \frac{100}{n}\left[(i - 0{,}5) + \frac{n + 1 - 2i}{8(n - 1)}\right], \tag{6}$$

$$\text{für } n > 25 \qquad \sum f_i(\%) = \frac{100}{n + 1}\left[\left(i - \frac{3}{8}\right) + \frac{3}{4}\,\frac{i - 1}{n - 1}\right]. \tag{7}$$

Tab. 4 enthält die Werte für $\sum f_i(\%)$, die nach Beziehung (6) für $n = 6 \cdots 25$ berechnet wurden.

Beispiel 2. Auswerten weniger Daten auf Wahrscheinlichkeitspapier

Aus einem normal verteilten Kollektiv wurde eine Stichprobe aus $n = 6$ Merkmalswerten (25, 32, 24, 29, 27 und 28) gezogen, aus denen Mittelwert und Standardabweichung abzuschätzen sind.

Den der Größe nach geordneten Werten sind die in Tab. 4 angegebenen Summenhäufigkeitswerte zuzuordnen: 24 – 10,2%, 25 – 26,1%, 27 – 42,1%, 28 – 57,9%, 29 – 73,9% und 32 – 89,8%. Aus der in Abb. 13 gezeigten Auswertung im Wahrscheinlichkeitsnetz ergeben sich $\bar{x} = 27{,}4$ und $s = 2{,}8$. Die berechneten Werte lauten $\bar{x} = 27{,}4$ und $s = 2{,}88$.

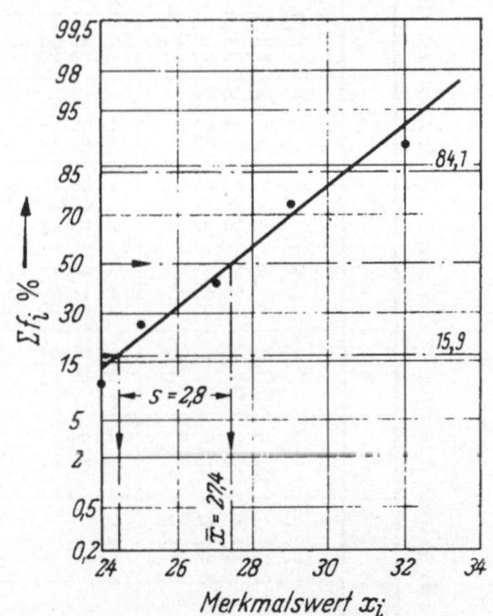

Abb. 13. Zu Beispiel 2: Relative Summenhäufigkeit von 6 Merkmalswerten im Wahrscheinlichkeitsnetz.

Gelegentlich benutzt man auch Wahrscheinlichkeitspapier mit logarithmisch geteilter Abszissenachse, in dem sich bestimmte schiefe Verteilungen als Geraden darstellen lassen.

Aus Gründen der Anschaulichkeit wurden zunächst die graphischen

[1] Hersteller: A. W. Faber, Nürnberg.

Tabelle 4. *Summenhäufigkeiten zum Eintragen in das Wahrscheinlichkeitsnetz für Stichproben von* $n = 6 \cdots 25$ (nach BULGRIN [*B 23*])

i \ n	6	7	8	9	10	11	12	13	14	15	16	17	18	19	20	21	22	23	24	25
1	10,2	8,9	7,8	6,8	6,2	5,6	5,2	4,8	4,5	4,1	3,9	3,7	3,4	3,3	3,1	2,9	2,8	2,7	2,6	2,4
2	26,1	22,4	19,8	17,6	15,9	14,5	13,1	12,3	11,3	10,6	10,0	9,3	8,9	8,4	7,9	7,6	7,2	6,9	6,7	6,4
3	42,1	36,3	31,9	28,4	25,5	23,3	21,5	19,8	18,4	17,1	16,1	15,2	14,2	13,6	12,9	12,3	11,7	11,3	10,7	10,4
4	57,9	50,0	44,0	39,4	35,2	32,3	29,5	27,4	25,5	23,9	22,4	20,9	19,8	18,7	17,9	17,1	16,4	15,6	14,9	14,2
5	73,9	63,7	56,0	50,0	45,2	41,3	37,8	34,8	32,3	30,2	28,4	26,8	25,1	23,9	22,7	21,8	20,6	19,8	18,9	18,1
6	89,8	77,6	68,1	60,6	54,8	50,0	46,0	42,5	39,4	36,7	34,8	32,6	30,9	29,1	27,8	26,4	25,1	24,2	23,3	22,4
7		91,2	80,2	71,6	64,8	58,7	54,0	50,0	46,4	43,3	40,9	38,2	36,3	34,5	32,6	31,2	29,8	28,4	27,4	26,1
8			92,2	82,4	74,5	67,7	62,2	57,5	53,6	50,0	46,8	44,0	41,7	39,7	37,8	35,9	34,1	32,6	31,6	30,2
9				93,2	84,1	76,7	70,5	65,2	60,6	56,7	53,2	50,0	47,2	44,8	42,5	40,5	38,6	37,1	35,6	34,1
10					93,8	85,5	78,5	72,6	67,7	63,3	59,1	56,0	52,8	50,0	47,6	45,2	43,3	41,3	39,7	38,2
11						94,4	86,9	80,2	74,5	69,8	65,2	61,8	58,3	55,2	52,4	50,0	47,6	45,6	43,6	42,1
12							94,9	87,7	81,6	76,1	71,6	67,4	63,7	60,3	57,5	54,8	52,4	50,0	48,0	46,0
13								95,3	88,7	82,9	77,6	73,2	69,1	65,5	62,2	59,5	56,7	54,4	52,0	50,0
14									95,5	89,4	83,9	79,1	74,9	70,9	67,4	64,1	61,4	58,7	56,4	54,0
15										95,9	90,0	84,8	80,2	76,1	72,2	68,8	65,9	62,9	60,3	57,9
16											96,1	90,7	85,8	81,3	77,3	73,6	70,2	67,4	64,4	61,8
17												96,3	91,2	86,4	82,1	78,2	74,9	71,6	68,4	65,9
18													96,6	91,6	87,1	82,9	79,4	75,8	72,6	69,8
19														96,7	92,1	87,7	83,6	80,2	76,7	73,9
20															96,9	92,4	88,3	84,4	81,1	77,6
21																97,1	92,8	88,7	85,1	81,9
22																	97,2	93,1	89,3	85,8
23																		97,3	93,3	89,6
24																			97,4	93,6
25																				97,6

Methoden beschrieben, die schnell und einfach anzuwenden sind. Demgegenüber ist die Rechnung naturgemäß genauer.

4.4 Berechnung der Kenngrößen einer Häufigkeitsverteilung

Wenn nur relativ wenige Daten auszuwerten sind, können Mittelwert und Standardabweichung aus folgenden Beziehungen berechnet werden:

$$\bar{x} = \frac{\sum x_i}{n}, \tag{8}$$

$$s = \sqrt{\frac{\sum (x_i - \bar{x})^2}{n-1}}. \tag{9}$$

Die Rechnung vereinfacht sich vielfach, wenn man von einem vorläufigen Mittelwert z ausgeht, der beliebig angenommen werden kann. Die Beziehungen (8) und (9) nehmen dann folgende Form an:

$$\bar{x} = z + \frac{\sum (x_i - z)}{n}, \tag{10}$$

$$s = \sqrt{\frac{\sum [(x_i - z) - (\bar{x} - z)]^2}{n-1}}. \tag{11}$$

Die Rechnung wird zweckmäßig in tabellarischer Form durchgeführt. Zunächst wird der Mittelwert und dann die Standardabweichung bestimmt.

Beispiel 3. Berechnung von $\bar{x}$ und s aus 10 Werten

Aus den ersten 10 Merkmalswerten der Tab. 3 werden mit Gl. (10) und (11) $\bar{x}$ und s berechnet. Ein vorläufiger Mittelwert wurde zu $z = 20$ angenommen.

i	x_i	$x_i - z$	$[(x_i - z) - (\bar{x} - z)]$	$[(x_i - z) - (\bar{x} - z)]^2$
	1	2	3	4
1	18	− 2	− 2,5	6,25
2	23,5	+ 3,5	+ 3,0	9
3	22	+ 2	+ 1,5	2,25
4	26	+ 6	+ 5,5	30,25
5	24	+ 4	+ 3,5	12,25
6	21	+ 1	+ 0,5	0,25
7	22	+ 2	+ 1,5	2,25
8	15	− 5	− 5,5	30,25
9	17	− 3	− 3,5	12,25
10	16,5	− 3,5	− 4,0	16,00

Aus Spalte 2 ergibt sich

$$\sum (x_i - z) = -13{,}5 + 18{,}5 = 5,$$

und durch Einsetzen in G. (10) wird

$$\bar{x} = z + \frac{\sum (x_i - z)}{n} = 20 + \frac{5}{10} = 20{,}5.$$

Mit $(\bar{x} - z) = 0{,}5$ kann Spalte 3 berechnet werden, deren Quadrate aufsummiert werden:

$$\Sigma[(x_i - z) - (\bar{x} - z)]^2 = 121 .$$

Nach Gl. (11) berechnet sich daraus die Standardabweichung

$$s = \sqrt{\frac{\Sigma[(x_i - z) - (\bar{x} - z)]^2}{n-1}} = \sqrt{\frac{121}{9}} = \frac{11}{3} \approx 3{,}67 .$$

Wenn die Standardabweichung aus sehr vielen Einzelwerten ermittelt werden soll, empfiehlt sich die Verwendung einer Rechenmaschine mit Speicherwerk. Statt der Ausdrücke (9) und (11) erweisen sich dann die Beziehungen (12) und (13) als zweckmäßiger:

$$s = \sqrt{\frac{\Sigma x_i^2}{n-1} - \bar{x}^2} , \quad (12)$$

[1]

$$s = \sqrt{\frac{\Sigma (x_i - z)^2}{n-1} - (\bar{x} - z)^2} . \quad (13)$$

Diese Beziehungen dürften sich auch mit geringstem Aufwand für einen Elektronenrechner programmieren lassen.

Sollen Mittelwert und Standardabweichung sehr vieler Einzelwerte von Hand berechnet werden, so geht man von deren Häufigkeitsverteilung aus. Hierzu werden die Werte auf einzelne Klassen verteilt, die jeweils durch die Klassenmitten x_{Mi} repräsentiert werden. Für die Klassenmitten x_{Mi} ergeben sich dann bestimmte Klassenhäufigkeiten f_i, aus denen $\bar{x}$ und s berechnet werden können:

$$\bar{x} = \frac{\Sigma f_i \cdot x_{Mi}}{n} , \quad (14)$$

$$s = \sqrt{\frac{\Sigma f_i (x_{Mi} - \bar{x})^2}{n-1}} . \quad (15)$$

Wird mit einem vorläufigen Mittelwert z gerechnet, dann lauten die gleichen Beziehungen:

$$\bar{x} = z + \frac{\Sigma f_i (x_{Mi} - z)}{n} , \quad (16)$$

$$s = \sqrt{\frac{\Sigma f_i [(x_{Mi} - z) - (\bar{x} - z)]^2}{n-1}} . \quad (17)$$

Beispiel 4. Berechnung von $\bar{x}$ und s aus 50 Werten

Aus den 50 Meßwerten der Tab. 3 seien Mittelwert und Standardabweichung zu berechnen. Ein vorläufiger Mittelwert wird zu $z = 16{,}25$ angenommen. Der Berechnung liegen die Beziehungen (16) und (15) zugrunde. Zunächst werden die Werte auf einzelne Klassen verteilt. Das wurde für die vorliegenden Daten

[1] Es läßt sich leicht nachweisen, daß die unter Gl. (9) und (12) genannten Beziehungen einander gleichwertig sind.

bereits im Beispiel 1 durchgeführt, aus dem die Werte für die Klassenmitten (Spalte 1) und Klassenhäufigkeiten (Spalte 3) übernommen werden.

i	x_{Mi}	$x_{Mi} - z$	f_i	$f_i(x_{Mi} - z)$	$x_{Mi} - \bar{x}$	$(x_{Mi} - \bar{x})^2$	$f_i(x_{Mi} - \bar{x})^2$
	1	2	3	4	5	6	7
1	9,25	− 7	4	− 28	− 6,95	48,3	193,2
2	12,25	− 4	8	− 32	− 3,95	15,6	124,8
3	15,25	− 1	18	− 18	− 0,95	0,9	16,2
4	18,25	+ 2	12	+ 24	+ 2,05	4,2	50,4
5	21,25	+ 5	5	+ 25	+ 5,05	25,5	127,5
6	24,25	+ 8	2	+ 16	+ 8,05	64,8	129,6
7	27,25	+ 11	1	+ 11	+ 11,05	122,1	122,1

Aus Spalte 4 ergibt sich

$$\sum f_i(x_{Mi} - z) = -78 + 76 = -2$$

und durch Einsetzen in Gl. (16)

$$\bar{x} = z + \frac{\sum f_i(x_{Mi} - z)}{n} = 16{,}25 = \frac{2}{50} = 16{,}21\,.$$

Durch Aufsummieren von Spalte 7 läßt sich nach Gl. (15) die Standardabweichung ermitteln.

$$s = \sqrt{\frac{\sum f_i(x_{Mi} - \bar{x})^2}{n-1}} = \sqrt{\frac{763{,}8}{49}} = 3{,}9\,.$$

Vergleicht man die im Beispiel 4 berechneten $\bar{x}$ und s mit den Ergebnissen der graphischen Auswertung (vgl. Abb. 11), so stellt man eine recht gute Übereinstimmung fest ($\bar{x} = 16$, $s = 3{,}75$).

Es wurde erwähnt, daß die Merkmalswerte aus Tab. 3 nicht ganz normal verteilt sind. Aus der Darstellung in Abb. 7 geht hervor, daß sie einen Trend haben. Dieser Trend kann eliminiert werden, wenn die Standardabweichung aus der mittleren Spannweite von Unterstichproben geschätzt wird. Dieses Verfahren hat gerade für die Praxis größere Bedeutung, weil es schnell und einfach durchzuführen ist. Die mit Range bezeichnete Spannweite R ist wie die Standardabweichung ein Maß für die Streuung. Sie ist, wie schon erwähnt wurde, die Differenz aus den Extremwerten innerhalb einer Stichprobe:

$$R = x_{\max} - x_{\min}\,. \tag{4}$$

Die Größe der Spannweite ist nicht nur von der Streuung innerhalb der Grundgesamtheit, sondern auch vom Umfang der Stichprobe abhängig. Je größer der Stichprobenumfang ist, um so wahrscheinlicher finden sich innerhalb der gleichen Stichprobe zufällig je ein besonders großer und ein besonders kleiner Wert. Deshalb muß die Beziehung zwischen $\bar{R}$ und s einen von n abhängigen Faktor d_n enthalten:

$$s = \frac{\bar{R}}{d_n}\,. \tag{18}$$

Die Abhängigkeit $d_n = f(n)$ kann aus Tab. 5 entnommen werden. Die mittlere Spannweite $\bar{R}$ ergibt sich als arithmetisches Mittel aus den Spannweiten R_i von j Stichproben:

$$\bar{R} = \frac{\Sigma R_i}{j}\,. \tag{19}$$

Tabelle 5. *Von n abhängige Faktoren zur Berechnung der Regelgrenzen von Kontrollkarten* (nach SCHINDOWSKI und SCHÜRZ [*B 20*])

n	c_n	d_n	A_2	B_3	B_4	D_3	D_4	$\tilde{A}_2$	n
2	0,5642	1,128	1,880	0	3,267	0	3,268	2,232	2
3	0,7236	1,693	1,023	0	2,568	0	2,574	1,264	3
4	0,7979	2,059	0,729	0	2,266	0	2,282	0,828	4
5	0,8407	2,326	0,577	0	2,089	0	2,114	0,712	5
6	0,8686	2,534	0,483	0,030	1,970	0	2,004	0,562	6
7	0,8828	2,704	0,419	0,118	1,882	0,076	1,924	0,519	7
8	0,9027	2,847	0,373	0,185	1,815	0,136	1,864	0,442	8
9	0,9139	2,970	0,337	0,239	1,761	0,184	1,816	0,419	9
10	0,9227	3,078	0,308	0,284	1,716	0,223	1,777	0,368	10
11	0,9300	3,173	0,285	0,321	1,679	0,256	1,744	0,353	11
12	0,9359	3,258	0,266	0,354	1,646	0,284	1,717	0,333	12
13	0,9410	3,336	0,249	0,382	1,618	0,308	1,692	0,311	13
14	0,9453	3,407	0,235	0,406	1,594	0,329	1,671	0,293	14
15	0,9490	3,472	0,223	0,428	1,572	0,348	1,652	0,279	15
16	0,9523	3,532	0,212	0,448	1,552	0,36	1,64	0,265	16
17	0,9551	3,588	0,203	0,466	1,534	0,38	1,62	0,254	17
18	0,9577	3,640	0,194	0,487	1,518	0,39	1,61	0,242	18
19	0,9599	3,689	0,187	0,497	1,503	0,40	1,60	0,234	19
20	0,9619	3,735	0,180	0,519	1,490	0,41	1,59	0,225	20
21	0,9638	3,778	0,173	0,523	1,477			0,216	21
22	0,9655	3,819	0,167	0,534	1,466			0,209	22
23	0,9670	3,858	0,162	0,545	1,455			0,202	23
24	0,9684	3,895	0,157	0,555	1,445			0,196	24
25	0,9696	3,931	0,153	0.565	1,435			0,191	25
30	0,9748	4,086		0,60	1,40				30
35	0,9784	4,213		0,63	1,37				35
40	0,9811	4,322		0,66	1,34				40
45	0,9832	4,415		0,68	1,32				45
50	0,9849	4,498		0,70	1.30				50
55	0,9863	4,572		0,71	1,29				55
60	0,9874	4,639		0,72	1,28				60
65	0,9884	4,699		0,73	1,27				65
70	0,9892	4,755		0,74	1,26				70
75	0,9900	4,806		0,75	1,25				75
80	0,9906	4,854		0,76	1,24				80
85	0,9912	4,898		0,77	1,23				85
90	0,9916	4,939		0,77	1,23				90
95	0,9921	4,978		0,78	1,22				95
100	0,9925	5,015		0,79	1,21				100

Beispiel 5. Schätzen der Standardabweichung aus der mittleren Spannweite

Aus den in Tab. 3 aufgetragenen Werten sei die Standardabweichung nach der Rangemethode zu schätzen. Zunächst sollen alle 50 Werte als eine Stichprobe, dann als 5 Stichproben zu $n = 10$ und schließlich als 10 Stichproben mit $n = 5$ betrachtet werden.

Unter den 50 Werten finden sich die Extremwerte $x_{max} = 26$ und $x_{min} = 9$ mit der Spannweite $R = 17$. Mit Gl. (18) und $d_{50} = 4{,}498$ (aus Tab. 5) ergibt sich daraus die Standardabweichung

$$s = \frac{\bar{R}}{d_{50}} = \frac{17}{4{,}498} = 3{,}78\,.$$

Aus einer größeren Zahl von Stichproben wird das Streuungsmaß zuverlässiger ermittelt, als aus einer einzigen.

Die Spannweiten der 5 Stichproben mit $n = 10$ lauten 11, 7,5, 7, 9 und 9, die mittlere Spannweite beträgt $\bar{R} = 8{,}7$. Hieraus ergibt sich mit Gl. (18) und $d_{10} = 3{,}078$ (aus Tab. 5) ein Streuungsmaß zu

$$s = \frac{\bar{R}}{d_{10}} = \frac{8{,}7}{3{,}078} = 2{,}83\,.$$

Werden die Merkmalswerte aus Tab. 3 in 10 Stichproben mit $n = 5$ zerlegt, so finden sich die Spannweiten 6, 6, 7,5, 4, 4,5, 3, 8, 6, 8,5 und 8,5 mit der mittleren Spannweite $\bar{R} = 6{,}5$.

Die hieraus berechnete Standardabweichung beträgt

$$s = \frac{R}{d_5} = \frac{6{,}5}{2{,}326} = 2{,}80\,.$$

Diesem Ergebnis zufolge scheinen sich die aus Spannweiten geschätzten Standardabweichungen mit kleiner werdender Stichprobe zu vermindern. Das deutet darauf hin, daß die Werte aus Tab. 3 nicht nur zufällig streuen, sondern daß sie gleichzeitig einem Trend folgen. Das aus einer Stichprobe berechnete Streuungsmaß enthält nämlich auch Anteile des Trends, die sich um so stärker auswirken, je größer die Stichprobe ist.

Gelegentlich müssen die für eine Verteilung charakteristischen Werte miteinander verknüpft werden. So kann z. B. nach dem Passungsspiel zwischen einer Bohrung und einer Welle gefragt sein, die willkürlich aus einer großen Zahl von Werkstücken ausgesucht werden, wenn Mittelwerte und Standardabweichungen der beiden Durchmesser bekannt sind. Entsprechend könnte auch die Länge einer Endmaßkombination gesucht sein, wenn die mittleren Längen und die zulässigen Größtabweichungen der einzelnen Endmaße gegeben sind. Das mittlere Passungsspiel oder die mittleren Endmaßlängen ergeben sich durch Addition bzw. Subtraktion der Mittelwerte:

$$\bar{x}_{ges} = \bar{x}_1 \pm \bar{x}_2 \pm \cdots \pm \bar{x}_i\,. \qquad (20)$$

Das Streuungsmaß für das sich einstellende Passungsspiel bzw. für die sich ergebende Endmaßlänge entspricht der Summe der Quadrate der Standardabweichungen:

$$s_{ges}{}^2 = s_1^2 + s_2^2 + \cdots + s_i^2\,. \qquad (21)$$

Dieses Gesetz zur „Fortpflanzung der Streuung“ kann auch zur Berechnung des Gesamtfehlers einer Meßanordnung aus mehreren zufälligen

Einzelfehlern verwendet werden. Es wird auch „GAUSSsches Fehlerfortpflanzungsgesetz" genannt [*B 13*].

Die bisherigen Ausführungen stellen nur den Teil der statistischen Methoden dar, der zum Verständnis der Kontrollkarten notwendig erscheint. Darüber hinaus werden auch im Betrieb weitere statistische Rechnungen durchgeführt, wie die Beurteilung von Mittelwerten und Standardabweichungen, die Streuungszerlegung und die Ermittlung der Abhängigkeit zwischen meßbaren Größen sowie das Schätzen von Parametern. Da über diesen Teil der Datenverarbeitung ausgezeichnete deutschsprachige Literatur [*B 14*, *B 15*] vorhanden ist, wurde hierauf nicht eingegangen. Erwähnt sei lediglich die Bestimmung der Ausgleichs- oder Regressionsgeraden, mit der z. B. der Trend von Merkmalswerten gekennzeichnet werden kann.

4.5 Berechnung der Regressionsgeraden

Durch die Regressionsgerade wird die Abhängigkeit zwischen zwei Größen beschrieben, von denen eine oder beide empirisch bestimmt wurden und mit Fehlern behaftet sein können [*B 2*]. Hieraus ergeben sich die in Abb. 14a–c gezeigten Ausgleichsgeraden. Für Abb. 14a wurde angenommen, daß die Abszissenwerte (hier y-Werte) genau und die Ordinatenwerte (hier x-Werte) nur annähernd genau bekannt sind. Dieser Fall liegt vor, wenn aus einer Reihe von Meßwerten der Gang berechnet werden soll. Hierzu wird die Folge der Merkmalswerte auf der Abszisse aufgetragen. Die Abszissenwerte y_i sind exakt, denn es kann sich nur um den 1., 2., ... i. Wert handeln. Hingegen können bei der Ermittlung der Merkmalswerte Meßfehler entstehen. Die Ordinatenwerte (x-Werte) streuen mehr oder minder. Deshalb müssen die Merkmalswerte x_i von den Ordinatenwerten der Regressionsgeraden x_{Ri} unterschieden werden. Die Funktion der Regressionsgeraden lautet

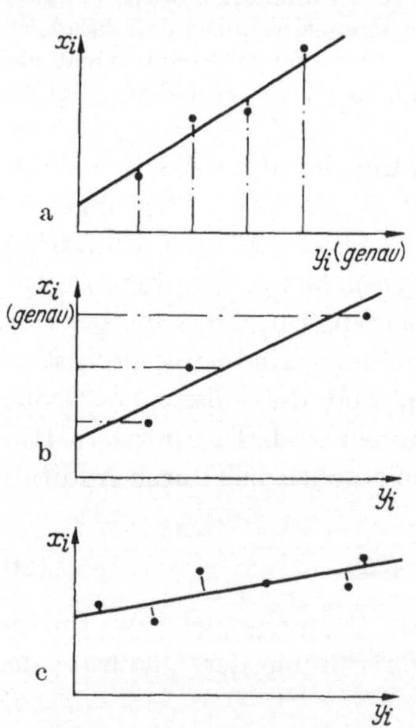

Abb. 14a–c. Verlauf der Regressionsgeraden, wenn die Summe der Abstände a) senkrecht zur Abszisse, b) senkrecht zur Ordinate und c) senkrecht auf die Regressionsgerade minimal werden soll.

$$x_R = a\,y_R + w\,. \tag{22}$$

Die Größen a und w ergeben sich unter der Voraussetzung, daß die Summe aus dem Quadrat des Abstandes aller Merkmalswerte von der Regressionsgeraden ein Minimum ist durch Nullsetzen der partiellen Ableitungen des Ausdruckes $\Sigma(x_{Ri} - x_i)^2 = \Sigma(a\,y_{Ri} + w - x_i)^2$ zu

$$w = \bar{x} - a \cdot \bar{y} \tag{23}$$

und

$$a = \frac{\Sigma\, x_i\, y_i - \bar{x}\, \Sigma\, y_i}{\Sigma\, y_i^2 - \bar{y}\, \Sigma\, y_i} = \frac{\Sigma\,(x_i - \bar{x}) \cdot (y_i - \bar{y})}{\Sigma\,(y_i - \bar{y})^2}\,. \tag{24}$$

Die Regressionsgerade mit den Größen a und w ist zwar gemäß der Bedingung nach GAUSS die bestmögliche, aus ihrer Funktion allein ist aber nicht ersichtlich, wie eng sich die Merkmalswerte um diese Gerade gruppieren. Ein Maß für die Streuung der Merkmalswerte um die Regressionsgerade ist die Standardabweichung s_R [*B 13*]:

$$s_R = \sqrt{\frac{\Sigma(x_{Ri} - x_i)^2}{n-2}} = \sqrt{\frac{\Sigma\,(a\,y_{Ri} + w - x_i)^2}{n-2}}\,. \tag{25}$$

Beispiel 6. Berechnung der Regressionsgeraden

Aus einer laufenden Fertigung wurden in unregelmäßiger Folge einzelne Teile entnommen und vermessen. Für ein Qualitätsmerkmal des 1., 2., 3., 5., 10., 20. und 50. Werkstückes wurden die Werte 2, 2, 3, 2, 3, 5 und 11 gefunden. Gesucht sind die Funktion der Regressionsgeraden und die Standardabweichung s_R. Die Rechnung wird in Form einer Tabelle vorgenommen. Zunächst werden die Ordinatenwerte y_i und x_i in Spalte 1 und 2 eingetragen. Spalte 3 enthält die Quadrate der Abszissenwerte y_i^2 und Spalte 4 das Produkt aus den Ordinatenwerten $x_i\,y_i$:

i	y_i	x_i	y_i^2	$x_i\,y_i$
	1	2	3	4
1	1	2	1	2
2	2	2	4	4
3	3	3	9	9
4	5	2	25	10
5	10	3	100	30
6	20	5	400	100
7	50	11	2500	550
Σ	91	28	3039	705

Zunächst sind die Ordinatenmittelwerte zu berechnen:

$$\bar{x} = \frac{\Sigma\, x_i}{n} = \frac{28}{7} = 4\,,$$

$$\bar{y} = \frac{\Sigma\, y_i}{n} = \frac{91}{7} = 13\,.$$

Mit Gl. (23) und (24) lassen sich dann die Größen w und a berechnen:

$$a = \frac{\Sigma\, x_i\, y_i - \bar{x}\,\Sigma\, y_i}{\Sigma\, y_i^2 - \bar{y}\,\Sigma\, y_i} = \frac{705 - 4 \cdot 91}{3039 - 13 \cdot 91} = \frac{341}{1856} = 0{,}183\,,$$

$$w = \bar{x} - a\,\bar{y} = 4 - 0{,}183 \cdot 13 = 1{,}62\,.$$

Mit Gl. (22) lautet die Gleichung der gesuchten Regressionsgeraden:

$$x_R = 0{,}183 \cdot y_R + 1{,}62\,.$$

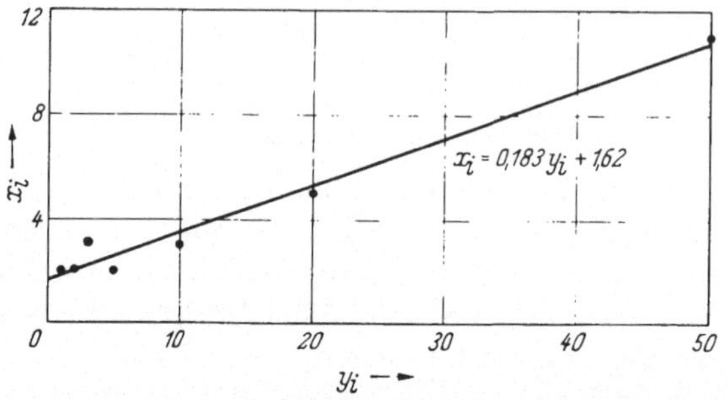

Abb. 15. Zu Beispiel 6: Verlauf der Regressionsgeraden.

Abb. 15 zeigt den Verlauf der Ausgleichsgeraden. Auch die Standardabweichung s_R wird mit Hilfe einer Tabelle berechnet:

i	y_i	x_i	$a\,y_i + w = x_{Ri}$	$[x_{Ri} - x_i]$	$[x_{Ri} - x_i]^2$
	1	2	3	4	5
1	1	2	0,18 + 1,62 = 1,80	0,20	0,04
2	2	2	0,37 + 1,62 = 1,99	0,01	0
3	3	3	0,55 + 1,62 = 2,17	0,83	0,69
4	5	2	0,92 + 1,62 = 2,54	0,54	0,29
5	10	3	1,83 + 1,62 = 3,45	0,45	0,20
6	20	5	3,66 + 1,62 = 5,28	0,28	0,08
7	50	11	9,15 + 1,62 = 10,77	0,23	0,05

$$\Sigma\,[(a\,y_i + w) - x_i]^2 = 1{,}35$$

Nach Gl. (25) beträgt die Standardabweichung um die Regressionsgerade:

$$s_R = \sqrt{\frac{\Sigma\,[(a\,y_{Ri} + w) - x_i]^2}{n-2}} = \sqrt{\frac{1{,}35}{7-2}} = 0{,}52\,.$$

4.6 Auswertung einer sich kontinuierlich ändernden Größe

Vielfach kann der zeitliche oder der auf die Werkstücklänge bezogene Verlauf eines Qualitätsmerkmals als stetige Kurve aufgetragen werden. So läßt sich die Dicke eines gewalzten Blechbandes über der Zeit oder über der Bandlänge darstellen. Auch das mit einem Tastschnittgerät erzeugte Oberflächendiagramm beschreibt eine kontinuierlich sich ändernde Größe (kontinuierliche Variable). Nachfolgend ist beschrieben, wie eine solche Größe ausgewertet wird.

So kann z. B. die Fläche unter der Kurve durch Planimetrieren bestimmt werden (Abb. 16a). Bezieht man diese Fläche F auf die Länge l des auszuwertenden Bereichs der Kurve, so erhält man die mittlere Ordinate (Abb. 16b):

$$\bar{x} = \frac{F}{l}\,. \tag{26}$$

Auch die sich zwischen der Mittellinie $\bar{x}$ und dem Kurvenzug befindenden Flächenanteile können ausplanimetriert werden (Abb. 16c). Bezieht man diese Flächen f auf die Fläche F, so ergibt sich ein Maß für die Ungleichmäßigkeit des Kurvenzugs:

$$U = \frac{f}{F} \cdot 100\,(\%)\,. \qquad (27)$$

Aus der Ungleichmäßigkeit U kann der sich als Verhältnis

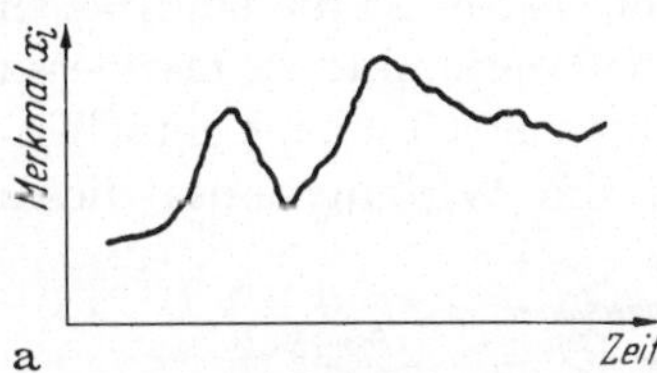

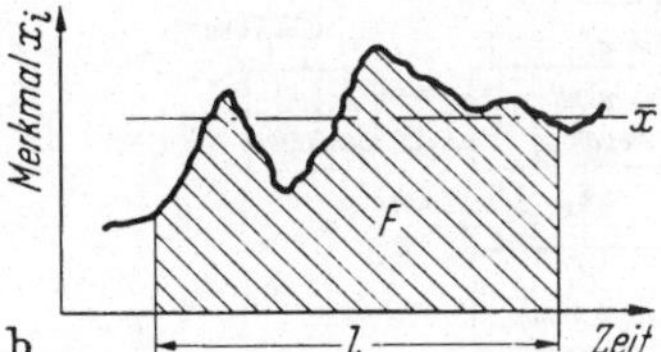

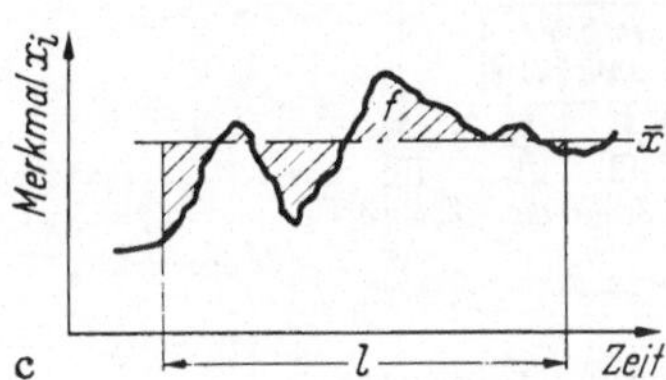

Abb. 16a–c. Auswerten einer Kurve
a) Verlauf der Kurve, b) Ermittlung der mittleren Ordinate durch Planimetrieren, c) Bestimmung der Ungleichmäßigkeit durch Planimetrieren der Flächenanteile ober- und unterhalb der mittleren Ordinate.

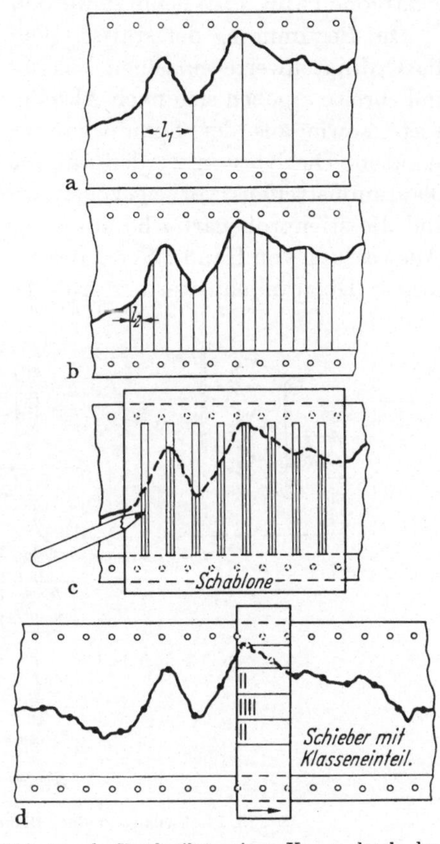

Abb. 17a–d. Beschreiben einer Kurve durch deren Ordinatenwerte
a) bei größerem und b) bei kleinerem Ordinatenabstand, c) Schablone zum Anzeichnen der Ordinaten, d) Schieber mit Klasseneinteilung zur Ermittlung der Häufigkeitsverteilung aus den Ordinatenwerten.

von Standardabweichung und Mittelwert ergebende Variationskoeffizient v geschätzt werden [*B 24*]:

$$v = \frac{s}{\bar{x}} \cdot 100\,(\%) = 1{,}25 \cdot U = 125 \cdot \frac{f}{F}\,. \qquad (28)$$

Eine andere Auswertung ergibt sich, indem die Kurve in einzelne Ordinatenwerte zerlegt wird (Abb. 17a u. b). Wie auf S. 81f. erwähnt, können aus den Ordinatenwerten Mittelwert und Standardabweichung berechnet werden. Diese Auswertung entspricht einer Stichprobenentnahme aus den unendlich vielen Punkten der Kurve. Um das Auffinden der Ordinatenwerte zu erleichtern, können ein Rollstempel oder eine Schablone (Abb. 17c) benutzt werden.

Die Bestimmung der statistischen Kennwerte wird einfacher, wenn die Ordinatenwerte einzelnen Klassen zugeordnet werden. Klassenzahl und -breite ergeben sich nach Abschn. 4.2.3 aus der Zahl der Ordinatenwerte sowie aus der Spannweite zwischen den extremsten Kurvenpunkten. Die Klassen werden auf einem Lineal markiert, das längs des Diagrammstreifens vorbeigezogen wird (Abb. 17d). In diesen Klassen sind die stichprobenartig herausgezogenen Kurvenpunkte zu markieren (Auswertung von Hand). Nach diesem Verfahren arbeitet auch ein selbsttätiger Diagrammauswerter. Abb. 18 zeigt die Wirkungsweise dieses

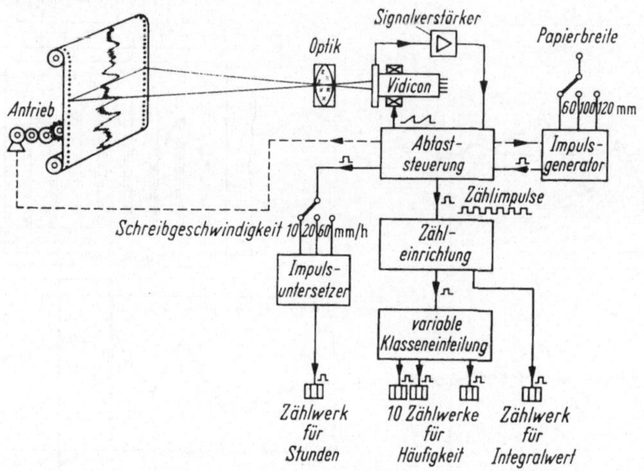

Abb. 18. Blockschaltbild eines Diagrammauswerters (Siemens).

Gerätes[1], das für Registrierstreifen mit Breiten von 60, 100 und 120 mm verwendet werden kann. Mit diesem Gerät, das einen Kurvenzug in gleichmäßigen Abständen abtastet, werden die Fläche unter der Kurve planimetriert und die Häufigkeitsverteilung bzw. die Summenhäufigkeit der Ordinatenwerte ermittelt. Maximal sind 10 Klassen vorgesehen, Klassenlage und Klassenbreite sind einstellbar.

Die Auswertung einer sich kontinuierlich ändernden Größe ist auch ohne den Umweg über den Aufschrieb möglich. So zeigt Abb. 19 einen Brückenverstärker in Verbindung mit dem ,,Klassiergerät KS 10"[2]. Da häufig mechanische Größen in elektrische umgeformt und als Span-

[1] Hersteller: Siemens-Wernerwerk für Meßtechnik, Karlsruhe.
[2] Hersteller: Philips, früher Dr. Masing & Co. KG., Erbach (Odenwald).

nungen gemessen werden, lassen sich für diese Anordnung zahlreiche Anwendungen finden. Hierbei wird das analoge Ausgangssignal des Brückenverstärkers in bestimmten, einstellbaren zeitlichen Abständen

Abb. 19. Brückenverstärker (Hottinger) mit Klassiergerät (Philips-Masing).

vom Klassiergerät übernommen und einer von 10 Klassen zugeordnet. Auch dieses Gerät dient zur Ermittlung der Klassen- oder Summenhäufigkeit sowie mit Hilfe eines Vorsatzgerätes zur Bestimmung des Integralwertes [*Z 11*].

In diesem Zusammenhang sei noch auf ein Gerät[1] (Abb. 20) zur Berechnung von Mittelwert und Standardabweichung aus der Klassenhäufigkeit verwiesen. Die absoluten Klassenhäufigkeiten werden von

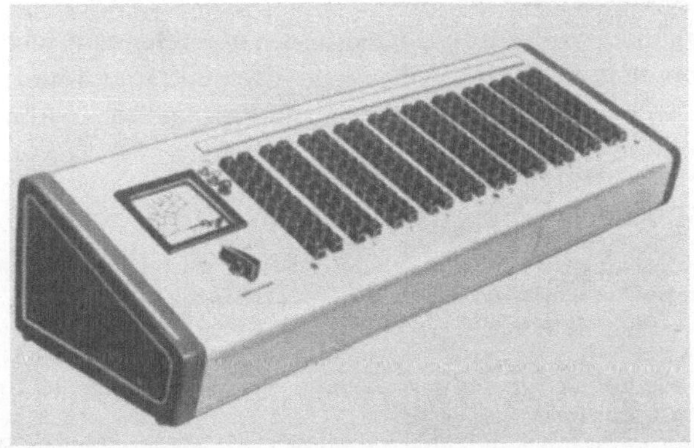

Abb. 20. Statistisches Rechengerät zur Ermittlung von $\bar{x}$ und s aus einer Häufigkeitsverteilung (Güttinger).

[1] Hersteller: Güttinger, Niederteufen AR (Schweiz).

Hand in das Gerät eingegeben, das Mittelwert und Standardabweichung nacheinander als analoge Spannungen anzeigt. Dieser Einzweckrechner kann nur für bestimmte Stichprobenumfänge benutzt werden.

4.7 Wahrscheinlichkeit und Häufigkeitsverteilung

Die Wirkungsweisen der statistischen Hilfsmittel zur Qualitätsregelung werden nach Behandlung einiger Grundgesetze aus der Wahrscheinlichkeitslehre [*B 9*] deutlicher.

Zunächst soll erläutert werden, was man unter Wahrscheinlichkeit versteht. Wenn ein Ereignis in a Fällen eintreten kann, das in b Fällen nicht denkbar ist, dann ergibt sich die Wahrscheinlichkeit P für das Eintreten dieses Ereignisses aus dem Verhältnis der günstigen zu den insgesamt denkbaren Fällen:

$$P = \frac{a}{a+b} \,.\,[1] \qquad (29)$$

Die Gesamtwahrscheinlichkeit für das Eintreten eines Ereignisses, das auf mehreren Wegen verwirklicht werden kann, ergibt sich aus der Summe der Einzelwahrscheinlichkeiten (Additionsgesetz):

$$P = P_1 + P_2 + P_3 + \cdots + P_i \,. \qquad (30)$$

Die Gesamtwahrscheinlichkeit für das Eintreten miteinander verknüpfter Ereignisse entspricht dem Produkt der Einzelwahrscheinlichkeiten (Multiplikationsgesetz):

$$P = P_1 \cdot P_2 \cdot P_3 \cdot \cdots \cdot P_i \,. \qquad (31)$$

Unter miteinander verknüpften Ereignissen versteht man solche, die nur zustande kommen, wenn die Bedingungen 1 und 2 und 3 und ...i erfüllt sind. Die Anwendung dieser beiden Grundgesetze der Wahrscheinlichkeitslehre soll an einem Beispiel gezeigt werden.

Beispiel 7. Berechnung von Wahrscheinlichkeiten

An einer Maschinenschraube treten zwei Fehler auf: 1. der Werkstoff und 2. die Abmessungen können fehlerhaft sein. In einer Lieferung sollen $P_w = 5\%$ der Schrauben aus einem falschen Werkstoff bestehen und $P_a = 2\%$ fehlerhafte Abmessungen besitzen. Wie groß ist die Wahrscheinlichkeit, daß eine aus dieser Lieferung entnommene Schraube aus einem der genannten Gründe Ausschuß ist?

Nach dem Additionsgesetz sind $P_w + P_a$ Anteile Ausschuß zu erwarten. Ferner ist damit zu rechnen, daß eine Schraube beide Fehler hat. Die Wahrscheinlichkeit dafür beträgt nach dem Multiplikationsgesetz $P_w P_a$, die je in P_w und in

---

[1] Hierin sind a und b beliebige Zahlen, die mit Anstieg der Regressionsgeraden und Klassenbreite nichts zu tun haben.

P_a einmal enthalten ist. Die Wahrscheinlichkeit, daß eine zufällig aus der genannten Lieferung entnommene Schraube Ausschuß ist, beträgt also

$$P_{\text{Ausschuß}} = P_w + P_a - P_w \cdot P_a = 5\% + 2\% - 0{,}1\,\% = 6{,}9\%\,.$$

Nachfolgend werden drei wichtige Begriffe der Kombinationslehre erwähnt [*B 5*]: Permutation, Variation und Kombination.

Durch die *Permutation* wird die Zahl der Möglichkeiten angegeben, in der man N Teile anordnen kann, die sich durch Kennzeichen voneinander unterscheiden. Die Anzahl dieser Möglichkeiten beträgt „N Fakultät“:

$$N! = N\,(N-1)\,(N-2)\cdots 1.^{1} \tag{32}$$

Beispiel 8. Permutation (sämtliche Teile sind voneinander verschieden)

Wie groß ist die Zahl der Anordnungen von 3 Teilen ($N = 3$) mit den Kennzeichen a, b und c?

$$N! = 3! = 3\,(3-1)\,(3-2) = 3\cdot 2\cdot 1 = 6.$$

Beweis: *abc, bca, cab, acb, cba* und *bac*.

Sofern sich unter den N Teilen einige gleiche befinden, ist die Zahl der verschiedenen Anordnungen geringer. Wenn R, S, T, ... die Zahl von Teilen darstellen, die untereinander nicht unterschieden werden können, gilt:

$$\frac{N!}{R!\cdot S!\cdot T!\cdots} \tag{33}$$

für die Zahl der denkbaren Anordnungen.

Beispiel 9. Permutation (einige Teile sind einander gleich)

Wie groß ist die Zahl der Permutationen von 3 Teilen ($N = 3$), deren Kennzeichen a, a und b lauten, bei denen also $R = 2$ beträgt?

$$\frac{N!}{R!} = \frac{3!}{2!} = \frac{6}{2} = 3\,.$$

Beweis: *aab, aba, baa*.

Wenn aus einem Kollektiv von N Teilen eine Stichprobe mit n Teilen entnommen wird, dann stellt die *Variation* die Zahl der möglichen Zusammenstellungen der Teile innerhalb der Stichprobe dar. Sofern jedes Teil der Grundgesamtheit unterschiedlich ist, beträgt die Zahl der Variationen:

$$\binom{N}{n}\cdot n! = \frac{N!}{(N-n)!}.^{2} \tag{34}$$

---

[1]
$0! = 1$, $1! = 1$, $2! = 2$, $3! = 6$, $4! = 24$,
$5! = 120$, $6! = 720$, $7! = 5040$, $8! = 40320$, $9! = 362880$

[2] $\binom{N}{0} = 1$.

Beispiel 10. Variation

Aus einem Kollektiv mit $N = 4$ Teilen mit den Kennzeichen a, b, c und d werden Stichproben zu $n = 2$ Teilen entnommen. Wie groß ist die Anzahl der Variationen?

$$\frac{N!}{(N-n)!} = \frac{4!}{(4-2)!} = \frac{4 \cdot 3 \cdot 2 \cdot 1}{2 \cdot 1} = 12 .$$

Beweis: *ab, ac, ad, ba, bc, bd, ca, cb, cd, da, d b, dc.*

Durch die Variation wird eine unterschiedliche Reihenfolge der Teile innerhalb der Stichprobe bewertet. Spielt die Reihenfolge keine Rolle, d.h. ist $ab = ba$, dann ist die Anzahl der Kombinationen um $1/n!$ geringer. Die Variation wird damit zur Kombination, für die sinngemäß die Beziehung

$$\binom{N}{n} = \frac{N!}{n!\,(N-n)!} \tag{35}$$

gilt.

Beispiel 11. Kombination

Aus einem Kollektiv mit $N = 4$ Teilen a, b, c, d werden Stichproben zu $n = 2$ Teilen entnommen. Wie groß ist die Zahl der Kombinationen?

$$\frac{N!}{n!\,(N-n)!} = \frac{4!}{2!\,(4-2)!} = 6 .$$

Beweis: *ab, ac, ad, dc, bc, bd.*

Die erwähnten Grundgesetze der Kombinationslehre erleichtern das Verständnis für das Zustandekommen der binomischen Verteilung.

4.7.1 Binomische Verteilung

Zur Überleitung auf die binomische Verteilung, auch BERNOULLI-Verteilung genannt, wird mit einer Aufgabe aus der Qualitätsregelung begonnen:

Die Qualität einer großen Lieferung sei durch den mittleren Ausschußanteil $\bar{p} = 0{,}1$ gekennzeichnet. Die Erzeugnisse werden in Teillieferungen vorgelegt, über deren Annahme oder Ablehnung auf Grund von Stichproben mit $n = 3$ entschieden wird. Mit welcher Wahrscheinlichkeit wird eine Teillieferung angenommen, wenn in der Stichprobe kein fehlerhaftes Teil sein darf?

Damit die Annahmewahrscheinlichkeit berechnet werden kann, müssen zunächst die Variationsmöglichkeiten guter und schlechter Teile in der Stichprobe betrachtet werden. Wenn die guten Teile mit dem Symbol „0“ und die schlechten mit „1“ gekennzeichnet werden, dann sind folgende Möglichkeiten gegeben;

a) alle Teile sind gut, 0 – 0 – 0
b) 1. und 2. Teil sind gut, 3. Teil ist schlecht, 0 – 0 – 1
c) 1. und 3. Teil sind gut, 2. Teil ist schlecht, 0 – 1 – 0
d) 2. und 3. Teil sind gut, 1. Teil ist schlecht, 1 – 0 – 0
e) 1. Teil ist gut, 2. und 3. Teil sind schlecht, 0 – 1 – 1
f) 2. Teil ist gut, 1. und 3. Teil sind schlecht, 1 – 0 – 1
g) 3. Teil ist gut, 1. und 2. Teil sind schlecht, 1 – 1 – 0
h) alle Teile sind schlecht. 1 – 1 – 1

Gemäß der Aufgabenstellung führt nur die Stichprobe zur Annahme einer Teillieferung, in der alle drei Teile gut sind. Dieser Fall tritt unter den betrachteten 8 Möglichkeiten nur einmal auf. Bei der Berechnung der Annahmewahrscheinlichkeit wird angenommen, daß sich der Fehleranteil $\bar{p}$ infolge der Stichprobenentnahme nicht ändert. Die Wahrscheinlichkeit, daß das 1., 2. und 3. Teil der Stichprobe gut ist, beträgt also jeweils $\bar{q} = 1 - \bar{p} = 1 - 0{,}1 = 0{,}9$. Mit Gl. (31) berechnet sich die Wahrscheinlichkeit dafür zu

$$P = \bar{q} \cdot \bar{q} \cdot \bar{q} = \bar{q}^3 = (0{,}9)^3 = 0{,}729 = 72{,}9\,\%,$$

sie entspricht der gesuchten Annahmewahrscheinlichkeit.

Die in diesem Beispiel aufgezählten Variationsmöglichkeiten von guten und schlechten Teilen innerhalb einer Stichprobe können auf die Kombinationsmöglichkeiten reduziert werden, da die Reihenfolge der guten und schlechten Teile innerhalb der Stichprobe für die Beurteilung belanglos ist. Die Fälle 0 – 0 – 1 und 0 – 1 – 0 sowie 1 – 0 – 0 sind praktisch gleichbedeutend. Die Kombinationsmöglichkeiten von guten und schlechten Teilen innerhalb einer Stichprobe mit dem Umfang n werden durch das binomische Gesetz beschrieben:

$$(\bar{p} + \bar{q})^n . \tag{36}$$

Für das erwähnte Beispiel mit $n = 3$ ergeben sich somit folgende Kombinationsmöglichkeiten:

$$(\bar{p} + \bar{q})^3 = \bar{p}^3 + 3\,\bar{p}^2\bar{q} + 3\,\bar{p}\bar{q}^2 + \bar{q}^3 .$$

Damit bestätigt sich die eingangs getroffene Feststellung, daß die Kombination von drei guten Teilen nur einmal ($\bar{q}^3$), die von zwei guten und einem schlechten jedoch dreimal ($3\,\bar{q}\,\bar{p}^2$) auftritt.

Nachfolgend werden die Wahrscheinlichkeiten P_0, P_1, P_2 und P_3 aufgeführt, die für die Fälle gelten, in denen sich in der Stichprobe aus $n = 3$ Teilen 0, 1, 2 und 3 fehlerhafte Teile befinden:

0 fehlerhafte Teile	$P_0 = \bar{q}^3$	$= 0{,}9^3$	$= 0{,}729$
1 fehlerhaftes Teil	$P_1 = 3\,\bar{q}^2\,\bar{p}$	$= 3 \cdot 0{,}9^2 \cdot 0{,}1$	$= 0{,}243$
2 fehlerhafte Teile	$P_2 = 3\,\bar{q}\,\bar{p}^2$	$= 3 \cdot 0{,}9 \cdot 0{,}1^2$	$= 0{,}027$
3 fehlerhafte Teile	$P_3 = \bar{p}^3$	$= 0{,}1^3$	$= 0{,}001$
0, 1, 2 oder 3 fehlerhafte Teile	$P_0 + P_1 + P_2 + P_3$		$= 1{,}000$

Die genannten Kombinationen umschließen alle denkbaren Möglichkeiten, die Summe ihrer Wahrscheinlichkeiten muß sich daher zu 1 ergänzen. Wenn n sehr groß ist, wird das Ausmultiplizieren des binomischen Ausdrucks mühevoll. Dafür kann folgendes Polynom verwendet werden:

$$(\bar{p} + \bar{q})^n = \sum_{x=0}^{x=n} \binom{n}{x} \bar{p}^x \bar{q}^{n-x} = \sum_{x=0}^{x=n} \frac{n!^x}{x!\,(n-x)!}$$

$$= \bar{p}^n + n \cdot \bar{p}^{n-1} \bar{q} + \frac{n(n-1)}{2 \cdot 1} \bar{p}^{n-2} \bar{q}^2 + \cdots \tag{36}$$

Der binomische Ausdruck gibt die Wahrscheinlichkeit an, mit der in einer Stichprobe aus n Teilen $x = 0 + 1 + 2 + \cdots + n$ fehlerhafte Teile gefunden werden. In dem oben erwähnten Beispiel für $n = 3$ wurde gezeigt, daß die Wahrscheinlichkeit dafür stets 1 beträgt. Im allgemeinen ist nach der Wahrscheinlichkeit gefragt, mit der in einer Stichprobe aus n Teilen $x = 0, 1, 2 \ldots$ oder c fehlerhafte Teile vorkommen. Mit Hilfe dieses Ausdruckes könnte man also die Annahmewahrscheinlichkeit für einen Stichprobenplan berechnen, der zur Annahme führt, wenn in der Stichprobe höchstens c fehlerhafte Teile auftreten (vgl. S. 79). In dem auf S. 44 geschilderten Beispiel war $c = 0$.

In der Beziehung (36) stellt der Faktor $\binom{n}{x}$ die Kombination von n- über x-Teilen dar. Die Anwendung des binomischen Gesetzes setzt voraus, daß sich in der Grundgesamtheit nur zweierlei verschiedene Teile, nämlich gute und schlechte befinden. Ferner wird angenommen, daß der Stichprobenumfang gegenüber der Grundgesamtheit sehr klein ist ($n \ll N$). Wenn aus einer Grundgesamtheit mehrmals Stichproben entnommen und die fehlerhaften Teile entfernt werden, kann sich die Zusammensetzung dieser Grundgesamtheit ändern. Es gilt dann nicht mehr das binomische, sondern das hypergeometrische Verteilungsgesetz [*B 20*], das in der Praxis selten angewandt und deshalb nicht behandelt wird.

Die Anteile p und q gelten eigentlich nur für die Grundgesamtheit, sie werden innerhalb einzelner Stichproben durchaus schwanken können. Um unterscheiden zu können, ob sich diese Anteile auf die Grundgesamtheit oder auf die Stichprobe beziehen, werden nachfolgend $\bar{p}$ und $\bar{q}$ als mittlere Anteile in der Grundgesamtheit, p und q jedoch als Anteile in einer Stichprobe betrachtet. Für p und q einer Stichprobe sind $\bar{p}$ und $\bar{q}$ die wahrscheinlichsten Werte.

Die wahrscheinlichste Zahl der Fehlerteile oder die mittlere Fehlerzahl ergibt sich unter Zugrundelegung des mittleren Fehleranteils $\bar{p}$ zu

$$\bar{x} = \bar{p} \cdot n. \tag{37}$$

Diese mittlere Fehlerzahl stellt den Mittelwert der binomischen Verteilung dar. Es wurde bereits erwähnt, daß die beobachtete Fehlerzahl von Stichprobe zu Stichprobe schwanken kann. Ein Maß für die Streuung der Fehlerzahl ist die Standardabweichung der binomischen Verteilung

$$s = \sqrt{\bar{p} \cdot \bar{q} \cdot n} = \sqrt{\bar{p}(1 - \bar{p}) \cdot n}\,. \tag{38}$$

Bezieht man die Standardabweichung nicht auf die Fehlerzahl x, sondern auf den Fehleranteil p, so muß die Standardabweichung durch n dividiert werden

$$s_p = \sqrt{\frac{\bar{p} \cdot \bar{q}}{n}}\,. \tag{39}$$

4.7.2 Poissonsche Verteilung

Nach der binomischen Verteilung kann die Wahrscheinlichkeit berechnet werden, mit der in einer Stichprobe mit dem Umfang n, die aus einer Grundgesamtheit mit dem mittleren Fehleranteil $\bar{p}$ gezogen wird, x fehlerhafte Teile auftreten. Die Beziehung $P = f(x, n, \bar{p})$ muß jeweils von Fall zu Fall berechnet werden. Unter der Voraussetzung, daß der mittlere Fehleranteil sehr klein ist ($\bar{p} \ll \bar{q}$) gelingt es, diese Funktion zu tabellieren bzw. graphisch aufzutragen. Das ist der große Vorzug der Poissonschen Verteilung, die sich für $\bar{p} \ll \bar{q}$ aus der binomischen Verteilung ableiten läßt. Nach Gl. (36) ist die Wahrscheinlichkeit $P(x)$ für das Auftreten von x in n Teilen

$$\begin{aligned} P(x) &= \binom{n}{x} \cdot \bar{p}^x \cdot \bar{q}^{n-x} = \frac{n!}{x!\,(n-x)!}\, \bar{p}^x \cdot \bar{q}^{n-x} \\ &= \frac{n(n-1)(n-2)\cdots(n-x+1)}{x!}\, \bar{p}^n\, \bar{q}^{n-x} \\ &= \frac{n^n \cdot \bar{x}^n}{x!} \left[\left(1-\frac{1}{n}\right)\left(1-\frac{2}{n}\right)\cdots\left(1-\frac{x-1}{n}\right)\right](1-\bar{p})^{n-x}\,. \end{aligned}$$

Sofern n sehr groß wird ($n \gg x$), geht der Klammerausdruck gegen 1:

$$\left[\left(1-\frac{1}{n}\right)\left(1-\frac{2}{n}\right)\cdots\left(1-\frac{x-1}{n}\right)\right] \to 1$$

$$P(x) = \frac{\bar{x}^n}{n!} \cdot \frac{(1-\bar{p})^n}{(1-\bar{p})^x}\,.$$

Wenn der mittlere Fehleranteil sehr klein ist ($\bar{p} < 0{,}1$), kann der Ausdruck $(1 - \bar{p})^x \approx 1$ gesetzt werden. $(1 - \bar{p})$ ist das erste Glied der Reihe $e^{-\bar{p}}$. Potenziert man diesen Ausdruck mit n, so entsteht:

$$(1-\bar{p})^n = e^{-\bar{p}\,n} = e^{-\bar{x}}\,.$$

Damit ergibt sich die Wahrscheinlichkeit nach der Poissonschen Verteilung zu:

$$P(x) = \frac{\bar{x}^n}{x!} \cdot e^{-\bar{x}}\,. \tag{40}$$

Häufig ist nicht nach der Wahrscheinlichkeit, sondern nach der Summenwahrscheinlichkeit gefragt. Die Wahrscheinlichkeit, in einer Stichprobe

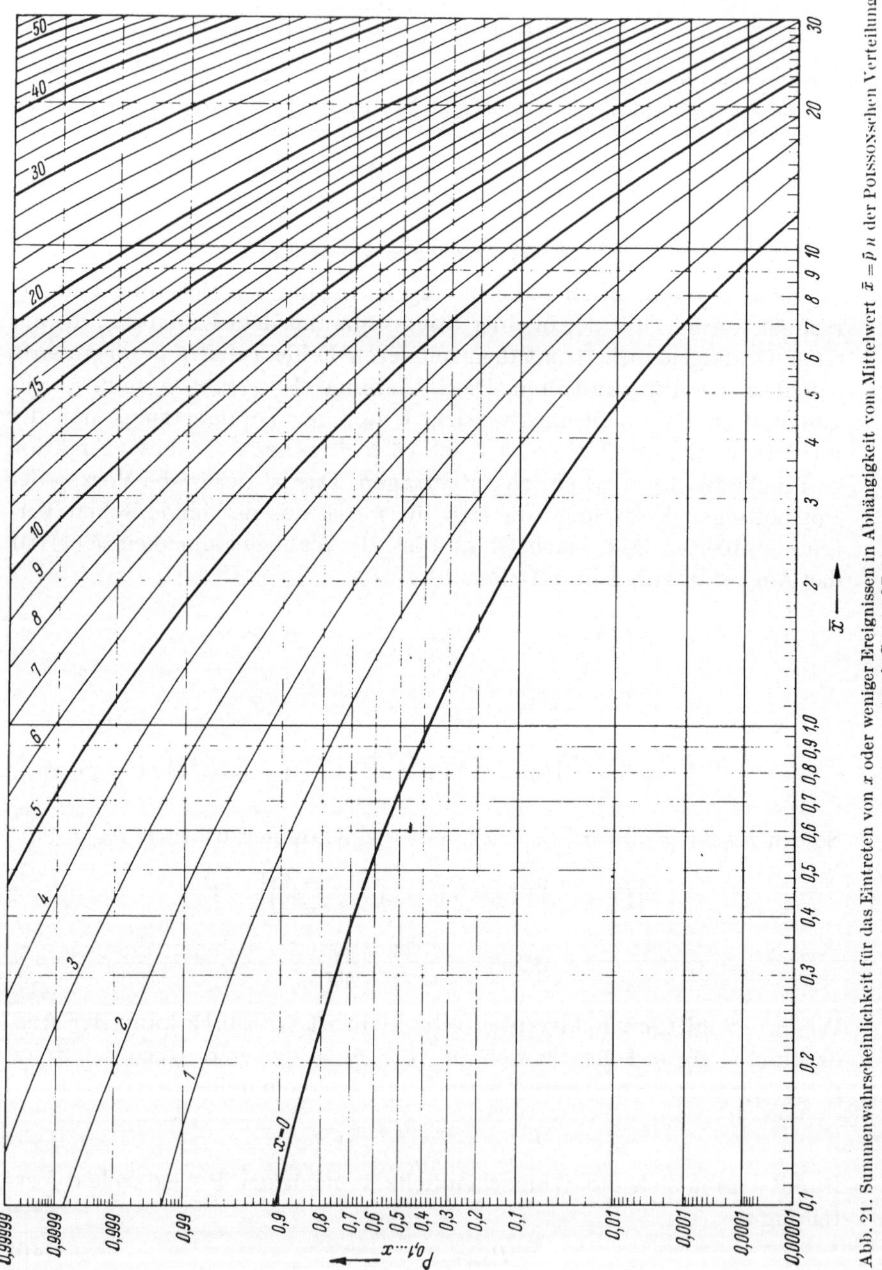

Abb. 21. Summenwahrscheinlichkeit für das Eintreten von x oder weniger Ereignissen in Abhängigkeit vom Mittelwert $\bar{x} = \bar{p}\, n$ der POISSONschen Verteilung (nach GRANT [B 9]).

mit dem Umfang n $x = 0, 1, 2 \ldots$ oder c fehlerhafte Teile zu finden, berechnet sich nach dem gleichen Gesetz zu:

$$\sum_{x=0}^{c} P(x) = \left[1 + \frac{\bar{x}^1}{1!} + \frac{\bar{x}^2}{2!} + \cdots \frac{\bar{x}^c}{c!}\right] \cdot e^{-\bar{x}} . \tag{41}$$

Das POISSONsche Verteilungsgesetz kann zur Berechnung der Operationscharakteristik eines Stichprobenplanes für nicht meßbare Größen verwendet werden. Die Funktion $P = f(x, \bar{x})$ liegt als Tabelle und Diagramm vor. In Abb. 21 findet man das Diagramm für die Summenhäufigkeit der POISSONschen Verteilung in Abhängigkeit vom Mittelwert $\bar{x} = \bar{p}\, n$ aufgetragen. Als Parameter wurde die Fehlerzahl x dargestellt. Der Mittelwert der binomischen Verteilung

$$\bar{x} = \bar{p} \cdot n \tag{42}$$

gilt auch für die POISSONsche Verteilung. Aus der Standardabweichung der binomischen Verteilung

$$s = \sqrt{\bar{q}\, \bar{p}\, n} \tag{38}$$

ergibt sich mit $\bar{q} \approx 1$ das Streuungsmaß der POISSONschen Verteilung zu:

$$s = \sqrt{\bar{p}\, n} = \sqrt{\bar{x}} . \tag{43}$$

Bezieht man das Streuungsmaß nicht auf die mittlere Fehlerzahl $\bar{x}$, sondern auf den mittleren Fehleranteil $\bar{p}$, so gilt:

$$s_p = \frac{\sqrt{\bar{p}\, n}}{n} = \sqrt{\frac{\bar{p}}{n}} . \tag{44}$$

4.7.3 Normalverteilung

Die POISSONsche Verteilung ist der Sonderfall der binomischen Verteilung, für den $\bar{p} \ll \bar{q}$ ist. Ein zweiter Sonderfall ergibt sich aus der Annahme, daß Wahrscheinlichkeit $\bar{p}$ und Gegenwahrscheinlichkeit $\bar{q}$ gleich groß sind:

$$\bar{p} = \bar{q} = 0{,}5 .$$

Unter der weiteren Voraussetzung, daß n sehr groß wird ($n \to \infty$), wird die binomische zur Normalverteilung [*B 2*, *B 3*]. Die Funktion der Normalverteilungskurve lautet:

$$f(x) = \frac{1}{\sqrt{2 \pi \bar{p}\, \bar{q}\, n}}\, e^{-\frac{(x - \bar{x})^2}{2 \bar{p} \bar{q} n}} = \frac{1}{\sqrt{2 \pi}\, s} \cdot e^{-\frac{(x - \bar{x})^2}{2 s^2}} . \tag{45}$$

Wie schon auf S. 17 erwähnt, hat die Kurve der Normalverteilung einen glockenförmigen Verlauf. Der Scheitelwert, das Maximum dieser

Kurve, befindet sich beim Mittelwert $\bar{x}$. Symmetrisch zur größten Ordinate befindet sich im Abstand $\pm\, s$ je ein Wendepunkt.

Während durch die binomische und POISSONsche Verteilung nur einzelne Zustände beschrieben werden, die sich in ganzen Zahlen ausdrücken lassen, ist die Funktion für die Normalverteilung stetig und infolgedessen auch differenzierbar. Diese Verteilung wird daher hauptsächlich auf stetige Veränderliche, z. B. für meßbare Größen (Variable), angewendet. Kontrollkarten und Stichprobenpläne für meßbare Größen lassen sich nach dem Normalverteilungsgesetz berechnen.

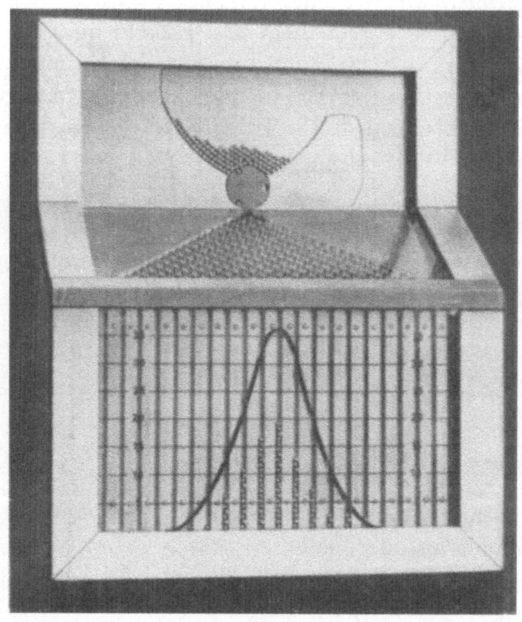

Abb. 22. GALTONsches Brett zur Darstellung der Normalverteilung.

Die Normalverteilung kann durch ein Modell, das GALTONsche Brett, dargestellt werden, das von dem englischen Arzt und Naturforscher GALTON (1822–1911) erfunden wurde. Wie Abb. 22 zeigt, besteht es aus einem mit Kugeln gefüllten Trichter, der durch einen Vereinzeler abgeschlossen ist. Durch Drehen des Vereinzelers fallen die Kugeln nacheinander auf den sich unter dem Einlauf befindenden Stift, von dem ein Teil der Kugeln nach rechts und der andere Teil nach links abgelenkt wird. Die Wahrscheinlichkeiten für die Ablenkung nach rechts und links sind gleichgroß und betragen 50%. In der nächsten Reihe treffen die abgelenkten Kugeln wieder auf Stifte, durch die sie mit gleicher Wahrscheinlichkeit zum Rand oder zur Mitte hin abgelenkt werden. Dieser Vorgang wiederholt sich so lange, bis die letzte Kugel die letzte Stiftreihe durchlaufen hat und in irgendeiner Klasse angekommen ist. Es ist relativ unwahrscheinlich, daß eine Kugel in jeder Reihe nur nach rechts oder nur nach links abgelenkt wird. Wahrscheinlich wird sie zufällig einmal nach rechts und einmal nach links abgelenkt werden. Infolgedessen werden in die äußeren Klassen nur wenige, in die mittleren jedoch mehr Kugeln gelangen. Wenn unendlich viele Kugeln viele Stiftreihen durchlaufen würden, entstünde eine Normalverteilung. Schon bei einem Versuch mit dem erwähnten Modell ergibt sich eine recht gute Übereinstimmung zwischen Theorie und Versuch. In Abb. 23 wurden für 200 Kugeln und 18 Zeilen Stifte die berechneten und experimentellen Häufigkeiten einander gegenübergestellt. Die Mittelwerte stimmen praktisch überein, während die experimentelle Standardabweichung mit $s = 2{,}4$ etwas größer ist als die theoretische $s_{th} = 2{,}1$. Sofern dem GALTONschen Brett keine grundsätzlichen Mängel anhaften (z. B. Schräglage, Versetzungen der Stifte, Kugeln erhalten durch den Vereinzeler einen Drall), kann durch häufige Wiederholung des Experiments und Mittelung der Ergebnisse die Übereinstimmung zwischen Rechnung und Versuch beliebig verbessert werden.

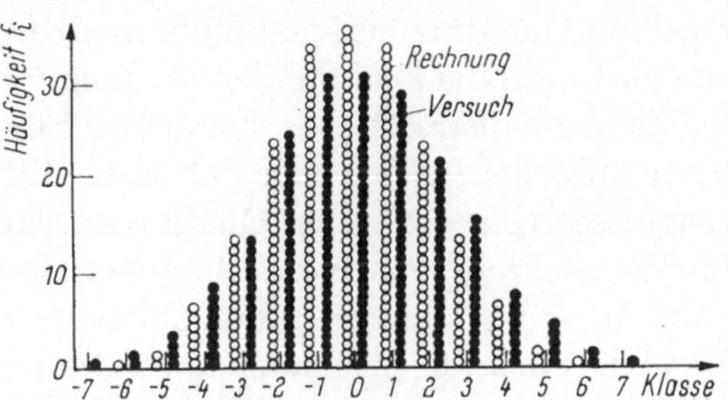

Abb. 23. Die an einem GALTONschen Brett gefundenen und berechneten Häufigkeiten (200 Kugeln, 18 Zeilen Stifte).

Das GALTONsche Brett ist ein Modell für die zufällig auf einen Fertigungsprozeß wirkenden Einflüsse. Jede Zeile, in der die Kugeln zufällig nach rechts oder nach links abgelenkt werden können, entspricht einer Einflußgröße, die eine positive oder negative Änderung der Merkmalsgröße hervorrufen kann. Eine Berechnung von Mittelwert und Standardabweichung aus einer Häufigkeitsverteilung kommt aber für eine direkte Qualitätsregelung im allgemeinen nicht in Betracht. Zum Aufbau einer Häufigkeitsverteilung sind recht viele Meßwerte erforderlich, deren Ermittlung und Auswertung zu viel Zeit erforderten, als daß das Ergebnis noch zum Zwecke der direkten Qualitätsregelung verwendet werden könnte. Statt dessen bedient man sich Stichproben kleineren Umfangs und schließt von diesen auf Veränderungen in der Grundgesamtheit. Hierzu dienen Kontrollkarten.

5. Direkte Qualitätsregelung

5.1 Handregelung durch Kontrollkarten

Eine Kontrollkarte ist eine graphische Darstellung des Verlaufs von Merkmalswerten. Sie enthält zusätzlich Regelgrenzen, die auch Kontrollgrenzen genannt werden. Von der Lage eines oder mehrerer Merkmalswerte gegenüber den Regelgrenzen wird die Entscheidung zur Regelung, d. h. zum Eingreifen in die Fertigung, abgeleitet. Meistens wird die

Qualitätsregelung dadurch ausgelöst, daß *ein* Merkmalswert *eine* der Regelgrenzen überschritten hat. Das gilt für Kontrollkarten für meßbare und solche für nicht meßbare Größen. Da der Meßwert eine größere Aussagekraft hat als das Prüfergebnis, wird man nach Möglichkeit die Kontrollkarte für meßbare Größen verwenden. Wenn aber das zu regelnde Qualitätsmerkmal nicht meßbar oder die Messung zu aufwendig ist, wird man die Prüfung der Messung vorziehen und eine Kontrollkarte für nicht meßbare Größen benutzen. Für die zuletzt genannte Kontrollkarte sprechen noch andere Gründe. Häufig ist die Qualität eines Erzeugnisses von sehr vielen Qualitätsmerkmalen gleichermaßen abhängig, für die nicht je eine Kontrollkarte geführt werden kann. Statt dessen kann in einer einzigen Kontrollkarte für nicht meßbare Größen das Ergebnis einer alle Merkmale umfassenden Prüfung festgehalten werden.

Nachfolgend werden einige typische Kontrollkarten beschrieben. Die Reihenfolge der Behandlung ergibt sich aus dem Aufbau der Kontrollkarten.

5.1.1 Kontrollkarten für meßbare Qualitätsmerkmale

Zu den Kontrollkarten für meßbare Größen gehören die für einzelne und die für abgeleitete Werte. Unter abgeleiteten Werten versteht man die aus mehreren Einzelwerten ermittelten Größen wie z. B. Mittelwert, Medianwert, Spannweite oder Standardabweichung. Die Kontrollkarte mit dem einfachsten Aufbau ist die Einzelwertkarte.

5.1.1.1 Einzelwertkarte (x-Karte). Bei der Einzelwertkarte werden die Merkmalswerte in ihrer natürlichen Folge (chronologisch, d.h. in der Reihenfolge der Werkstücke) in rechtwinkeligen Koordinaten aufgetragen. Vielfach ist es zweckmäßig, nicht die absoluten Größen der Merkmalswerte, sondern deren Abweichungen vom Einstell- oder Soll-

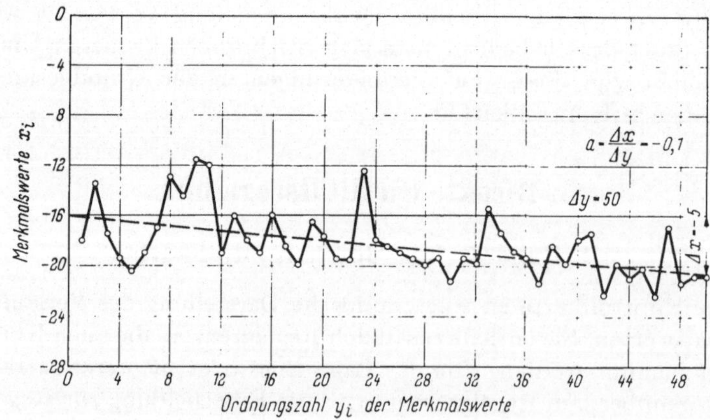

Abb. 24. Verlauf der Durchmesser spitzenlos geschliffener Bolzen.

maß zu betrachten. So wurden in Abb. 24 die Abweichungen der Durchmesser spitzenlos geschliffener Bolzen von einem Einstellmaß aufgetragen. Der Verlauf der Merkmalswerte entspricht etwa dem in Abb. 3 gezeigten Typ *d*. Die Merkmalswerte streuen um eine Ausgleichsgerade, die man berechnen oder nach Augenmaß einzeichnen kann. Das Meßwertfolgediagramm wird erst dann zur Kontrollkarte, wenn es eine oder mehrere Regelgrenzen enthält.

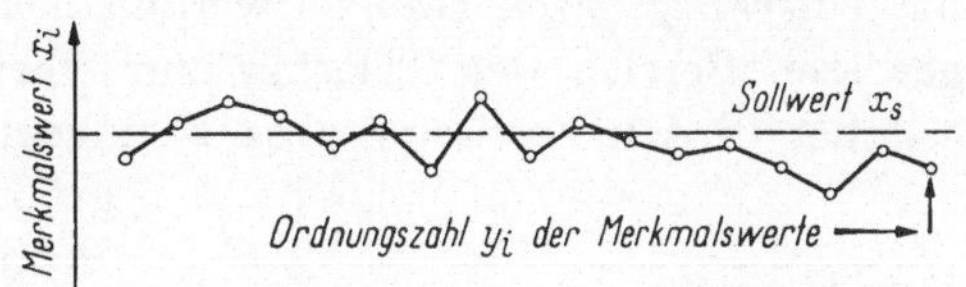

Abb. 25. Einzelwertkarte mit einer Regelgrenze (x-Karte).

Abb. 25 zeigt eine Einzelkarte mit nur einer beim Sollwert sich befindenden Regelgrenze. Sie wird meistens so angewendet, daß aus einer aufeinanderfolgenden siebenmaligen einseitigen Überschreitung der Regelgrenze die Entscheidung zur Regelung abgeleitet wird. Wenn der Fertigungsmittelwert (Kollektivmittelwert) mit dem Sollwert übereinstimmt, was durch die Regelung erreicht werden soll, dann ist die Wahrscheinlichkeit, daß ein Merkmalswert diese Grenze über- oder unterschreitet, gleichgroß, nämlich 50 %. Unter diesen Umständen ist es relativ unwahrscheinlich, daß die Regelgrenze mehrmals, z. B. siebenmal hintereinander über- oder unterschritten wird. Die Wahrscheinlichkeit dafür beträgt nur $P = (0{,}5)^7 = 0{,}78\,\%$. Nach siebenmaligem Über- oder Unterschreiten der Regelgrenze kann also mit der statistischen Sicherheit $S = 1 - P = 1 - 0{,}0078 = 99{,}22\,\%$ angenommen werden, daß sich Fertigungsmittelwert und Sollwert systematisch unterscheiden. Die Einzelwertkarte mit einer Regelgrenze wird seltener angewendet als eine x-Karte mit zwei Regelgrenzen, die sich auf den Sollwert oder auf die Toleranzgrenzen beziehen können. Bei der in Abb. 26 gezeigten x-Karte befinden sich die Regelgrenzen im Abstand $\pm 3\,s$ vom Sollwert. Gemäß Tab. 2 für die Normalverteilung liegt damit jeder Regelgrenze eine statistische Sicherheit von 99,87 zugrunde, wenn nach einmaliger Überschreitung einer der Regelgrenzen nachgeregelt wird. Gelegentlich findet man außer den Regelgrenzen noch Warngrenzen, die sich z. B. im Abstand $\pm 2\,s$ vom Sollwert befinden können. Die Überschreitung einer Warngrenze deutet mit geringerer statistischer Sicherheit auf einen

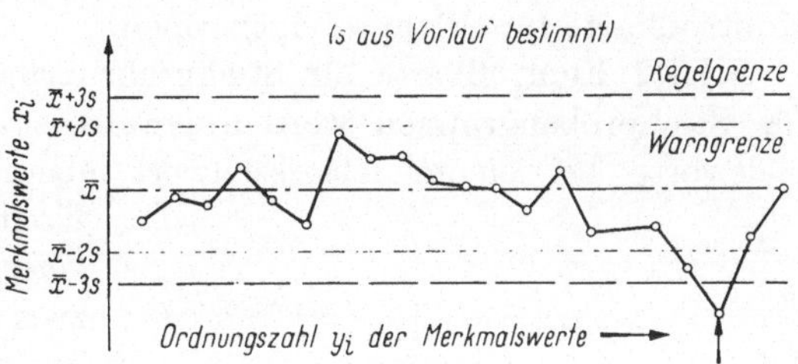

Abb. 26. Einzelwertkarte mit zwei auf den Sollwert bezogenen Regelgrenzen (x-Karte).

Unterschied zwischen Fertigungsmittel- und Sollwert hin. Sie dienen im allgemeinen zur Vorwarnung, werden sie zu Regelzwecken benutzt, dann stellen sie Regelgrenzen mit geringerer statistischer Sicherheit dar.

Sofern die Toleranz genügend groß ist, können die Regelgrenzen auf die Toleranzgrenzen bezogen werden. Dadurch steht für den Trend ein gewisser Bereich der Toleranz zur Verfügung. Das führt dazu, daß seltener in den Fertigungsprozeß eingegriffen wird. Entsprechend vergrößert sich dadurch natürlich die Produktionsstreuung. Abb. 27 zeigt eine Einzelkarte, deren Regelgrenzen im Abstand der dreifachen Standardabweichung unterhalb der oberen und oberhalb der unteren Toleranzgrenze eingezeichnet wurden. Die statistische Sicherheit von $S = 99{,}87\,\%$ bezieht sich in diesem Fall auf das Überschreiten einer Toleranzgrenze.

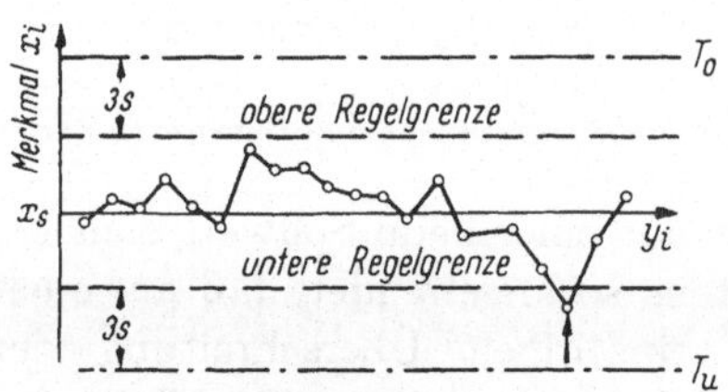

Abb. 27. Einzelwertkarte mit zwei auf die Toleranzgrenzen bezogenen Regelgrenzen (x-Karte).

Die Entscheidung, ob die Fertigung unbeeinflußt weiterlaufen darf oder nicht, wird bei Anwendung der Einzelkarte von einem einzelnen Merkmalswert abhängig gemacht. Daneben gibt es Kontrollkarten, nach denen eine Stichprobe aus mehreren Merkmalswerten für diese Entscheidung herangezogen wird. Damit wird aus der Einzelwertkarte die Kontrollkarte für Stichprobengruppen.

5.1.1.2 Kontrollkarte für Stichprobengruppen. In der Kontrollkarte für Stichprobengruppen werden jeweils n aufeinanderfolgende Merkmalswerte bei einem Abszissenwert übereinander eingesetzt. Diese Kontrollkarte enthält außer einer Linie für den Sollwert zwei Regelgrenzen und daneben häufig die Toleranzgrenzen. Auch die Regelgrenzen dieser Kontrollkarte können sich sowohl auf den Sollwert als auch auf die Toleranzgrenzen beziehen. Bei dieser Kontrollkarte wird nachgeregelt, wenn einer von n Merkmalswerten eine der Regelgrenzen überschritten hat.

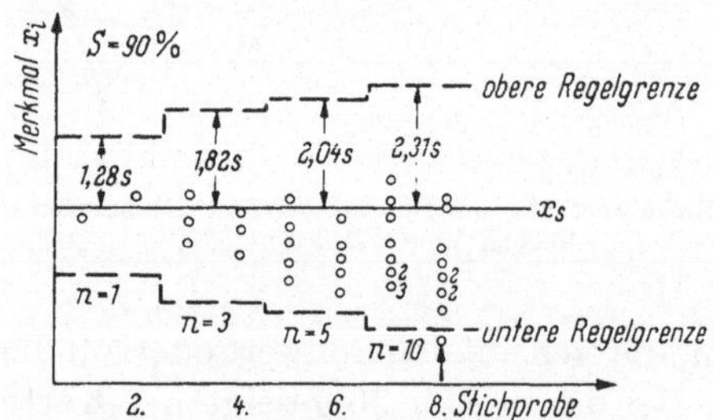

Abb. 28. Kontrollkarte für Stichprobengruppen aus $n = 1, 2, 3, 5$ und 10 Merkmalswerten, bei der die Regelgrenzen auf den Sollwert bezogen wurden.

Die Lage der Regelgrenzen hängt nicht nur von der statistischen Sicherheit, sondern auch vom Umfang der Stichprobengruppen ab. Je größer der Stichprobenumfang n ist, um so weiter können die Regelgrenzen bei gleicher statistischer Sicherheit und bei gleicher Streuung der Merkmalswerte vom Sollwert entfernt sein (Abb. 28). Die Berechnungsgrundlage für die Lage der Regelgrenzen wurde auf S. 42f. besprochen. In Tab. 6 findet man den Abstand der Regelgrenzen vom

Tabelle 6. *Werte zur Berechnung der Regelgrenzen der Kontrollkarte für Stichprobengruppen* (nach GRAF und WARTMANN [*Z 12*])

Statistische Sicherheit S %	Stichprobenumfang n 1	2	3	4	5	6	7	8	9	10
90	1,28	1,63	1,82	1,95	2,04	2,12	2,18	2,23	2,28	2,31
95	1,64	1,96	2,13	2,24	2,33	2,40	2,46	2,50	2,54	2,57
99	2,33	2,58	2,72	2,82	2,88	2,94	2,99	3,03	3,06	3,09
99,9	3,09	3,29	3,41	3,48	3,54	3,59	3,63	3,66	3,69	3,72

Sollwert für verschiedene S und n als Vielfaches der Standardabweichung [*Z 12*]. Wie bei der x-Karte können sich die Regelgrenzen auch auf die Toleranzgrenzen beziehen, wenn die zur Verfügung stehende Toleranz

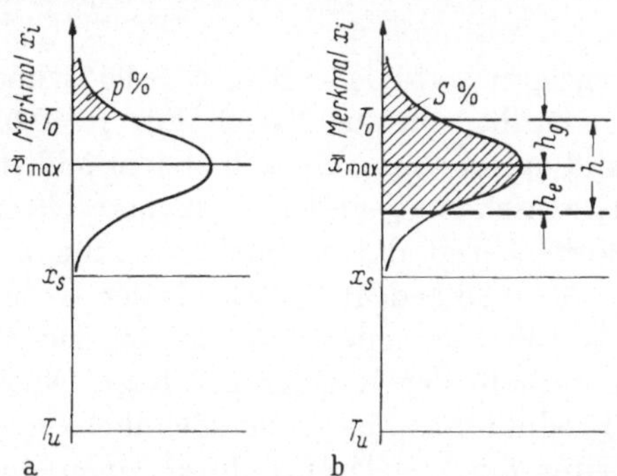

Abb. 29a u. b. Festlegung der auf die Toleranzgrenzen bezogenen Regelgrenzen der Kontrollkarte für Stichprobengruppen.

a) Der größte zuverlässige Ausschußanteil p bestimmt die äußerste Lage der Verteilung. b) Bezogen auf die äußerste Lage der Verteilung ergibt sich die Lage der Regelgrenze unter der Voraussetzung, daß mit der statistischen Sicherheit S wenigstens einer der Merkmalswerte diese Grenze überschreitet.

genügend groß ist. Dadurch entsteht eine Kontrollkarte, mit der eine gewisse Abweichung zwischen Fertigungsmittel- und Sollwert zugelassen wird. Das Kollektiv der Merkmalswerte darf sich so weit gegen eine Toleranzgrenze verschieben, daß höchstens ein bestimmter Ausschußprozentsatz p (%) entstehen kann. In dieser Extremlage soll aber mit der geforderten statistischen Sicherheit S (%) mindestens ein Merkmalswert der Stichprobengruppe die entsprechende Regelgrenze überschreiten. Wie Abb. 29 zeigt, ergibt sich aus diesen Festlegungen die Lage der Regelgrenzen. Bezeichnet man den Abstand zwischen Regel- und Toleranzgrenze mit h und die Entfernungen des extremsten Fertigungsmittelwertes von der Toleranzgrenze mit h_g und von der Regelgrenze mit h_e, so gilt:

$$h = h_g + h_e = (g + e) \cdot s . \tag{46}$$

Die Größen h_g und h_e sind von p und s bzw. von n, S und s abhängig. Die zur Berechnung von h erforderlichen Werte für g und e können aus den Tab. 7 und 8 entnommen werden [*Z 13*].

Tabelle 7. *Faktor g zur Berechnung der auf die Toleranzgrenzen bezogenen Regelgrenzen der Kontrollkarte für Stichprobengruppen* (nach GRAF und WARTMANN [*Z 13*])

	Ausschußprozentsatz p			
	10%	5%	1%	0,1%
g	1,28	1,64	2,33	3,09

Tabelle 8. *Faktor e zur Berechnung der auf die Toleranzgrenzen bezogenen Regelgrenzen der Kontrollkarte für Stichprobengruppen* (nach GRAF und WARTMANN [*Z 13*])

Statist. Sicherheit S %	Stichprobenumfang n									
	1	2	3	4	5	6	7	8	9	10
90	1,28	0,48	0,08	−0,16	−0,33	−0,47	−0,58	−0,67	−0,75	−0,82
95	1,64	0,76	0,33	0,07	−0,12	−0,28	−0,40	−0,50	−0,58	−0,65
99	2,33	1,28	0,79	0,48	0,26	0,09	−0,05	−0,16	−0,26	−0,34
99,9	3,09	1,86	1,28	0,92	0,67	0,47	0,31	0,19	0,09	±0,00

Das Zustandekommen der Tab. 7 und 8 soll mit einem Beispiel erläutert werden:

Gesucht ist die Lage der Regelgrenze für $p = 5\%$, $S = 95\%$ und $n = 2$. Der Abstand $T_0 - \bar{x}_{\max} = g\,s$ ergibt sich aus Tab. 2. Für $p = 0{,}05$ findet man $-1{,}64$ (vgl. Tab. 7), und da, wie aus Abb. 29b ersichtlich ist, die absolute Größe des Abstands zwischen T_0 und $\bar{x}_{\max}$ zu betrachten ist, gilt $g = 1{,}64$. Auch den e-Werten liegt die Normalverteilung zugrunde. Die statistische Sicherheit $S = 0{,}95$ bedeutet, daß mit der Wahrscheinlichkeit $P = 1 - S = 0{,}05$ sowohl der erste als auch der zweite Merkmalswert der Stichprobe unterhalb der Regelgrenze liegt. Nach Gl. (31) entspricht P aber dem Produkt aus den Wahrscheinlichkeitswerten P_1, die für das Unterschreiten der Regelgrenze durch einen einzelnen Stichprobenwert gelten. Hieraus ergibt sich P_1 zu $P_1 = \sqrt[n]{P} = \sqrt[n]{0{,}05} = 0{,}224$. Für $S_1 = 1 - P_1 = 0{,}776$. findet man aus Tab. 2 (S. 18 (und 19) die Größe $e = 0{,}76$. Der Abstand zwischen Toleranz- und Regelgrenze beträgt demnach $h = (g + e)\,s = (1{,}64 + 0{,}76)\,s = 2{,}4\,s$.

Beispiel 12. Berechnung der auf Toleranzgrenzen bezogenen Regelgrenzen der Kontrollkarte für Stichprobengruppen

Es wird angenommen, daß die obere Toleranzgrenze für ein bestimmtes Qualitätsmerkmal bei 12,4 liege und daß die Standardabweichung früher zu $s = 1{,}2$ bestimmt wurde. Gesucht ist die Lage der oberen Regelgrenze der Kontrollkarte für Stichprobengruppen aus $n = 5$, wobei $S = 99\%$ und $p = 1\%$ betragen sollen.

Nach Gl. (46) findet man

$$h = (g + e)\,s,$$

und aus Tab. 7 ergibt sich für $p = 5\%$ ein Wert für g mit 1,64. Aus Tab. 8 entnimmt man für $S = 99\%$ und $n = 5$ den Wert $e = +0{,}26$. Mithin ist $h = (1{,}64 + 0{,}26) \cdot 1{,}2 = 1{,}9 \cdot 1{,}2 = 2{,}3$. Die obere Regelgrenze liegt demnach bei $T_0 - h = 12{,}4 - 2{,}3 = 10{,}1$.

Die Tatsache, daß im allgemeinen jedes Qualitätsmerkmal unterschiedlich toleriert ist und daß sowohl die Standardabweichung als auch p, S und n die Lage der Regelgrenzen bestimmen, erschwert die Anwendung der beschriebenen Kontrollkarte in der Praxis. Als Vereinfachung wurde die sogenannte „Sieben-Klassen-Kontrollkarte“ entwickelt, deren sieben gleichgroße Klassen genau der Toleranz entsprechen. Die beiden äußeren Klassen sind jeweils durch Regelgrenzen von den übrigen abgetrennt. Diese Kontrollkarte wird für Stichproben unterschiedlicher Größe benutzt. Sie enthält keinerlei Maße und kann deshalb unabhängig von Bearbeitungsvorgang, Maschine und Werkstück an-

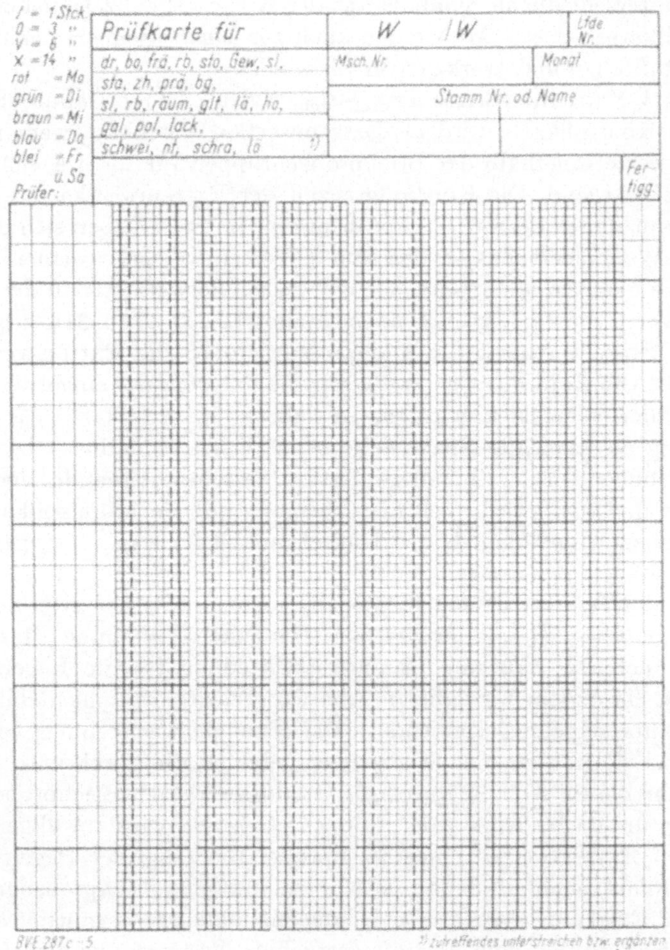
/ = 1 Stck.
0 = 3 "
V = 6 "
X = 14 "
rot = Mo
grün = Di
braun = Mi
blau = Do
blei = Fr
u. Sa
Prüfer:
Prüfkarte für
W /W
Lfde Nr.
dr, bo, frä, rb, sto, Gew, sl,
sta, zh, prä, bg,
sl, rb, räum, glt, lä, ho,
gal, pol, lack,
schwei, nt, schra, lö [1]
Msch. Nr.
Monat
Stamm Nr. od. Name
Fertigg.
BVE 287 c - 5
[1] zutreffendes unterstreichen bzw. ergänzen

Abb. 30. Sieben-Klassen-Kontrollkarte (Bosch).

gewendet werden. Beim Gebrauch dieser Kontrollkarte darf man jedoch nicht übersehen, daß der mögliche Ausschußprozentsatz p nicht nur von der zugrunde gelegten statistischen Sicherheit S und vom Umfang der Stichprobengruppen n, sondern auch von der Größe der Standardabweichung s abhängt. Die Regelung mit dieser Kontrollkarte wird also nur dann gleichartige Ergebnisse bringen, wenn vorgegebene Toleranz und Maschinenstreuung jeweils in einem gleichen ausgewogenen Verhältnis zueinander stehen. Abb. 30 zeigt die Sieben-Klassen-Kontrollkarte von Bosch, die auf einem Format von DIN A5 für vier meßbare und weitere vier nicht meßbare Qualitätsmerkmale eingerichtet ist. Je nach Stichprobengröße, Prüfer und Schicht können die Prüfwerte durch unterschiedliche Symbole auf der Karte gekennzeichnet werden. Kontrollkarten dieser Art werden auch zur Qualitätsüberwachung von Kunststoffteilen und Werkzeugen verwendet.

5.1.1.3 Extremwertkarte (x_{max}-x_{min}-Karte). Die erwähnte Sieben-Klassen-Kontrollkarte wird als Extremwertkarte benutzt, wenn nur die Extremwerte innerhalb der Stichprobengruppen für die Regelung ausschlaggebend sind. Die Kontrollgrenzen der Extremwertkarte entsprechen somit denen der für Stichprobengruppen. Sie ergeben sich danach, daß die Wahrscheinlichkeit, daß von n Werten wenigstens einer die Regelgrenze überschreitet, gleich der Wahrscheinlichkeit ist, daß der größte der n Werte die Regelgrenze überschreitet [*Z 13*]. Abb. 31a zeigt, wie aus der Einzelwertkarte für Stichprobengruppen die Extremwertkarte entsteht (Abb. 31b), auf der jeweils nur die Extremwerte eingetragen und miteinander verbunden wurden. Aus dieser Kontrollkarte ist sowohl der Gang als auch die Spannweite ersichtlich, die dadurch besonders hervorgehoben wird, daß man die Extremwerte untereinander verbindet (Abb. 31c). Damit wird auch der Übergang von der Kontrollkarte für Stichprobengruppe zur R-Karte deutlich, auf die noch später eingegangen werden soll.

5.1.1.4 Häufigkeitsbildkarte. Im allgemeinen entsteht erst aus etwa 50 Merkmalswerten eine auswertbare Häufigkeitsverteilung. Man sollte daher annehmen, daß eine Häufigkeitsverteilung für die Regelung zu träge ist. Trotzdem wird die in Abb. 32 gezeigte Häufigkeitsbildkarte zur Qualitätsregelung verwendet. Die Häufigkeitsverteilung wird bei dieser aus vielen kleineren Stichproben gebildet, die durch unterschiedliche Symbole (in Abb. 32 durch die Ordnungszahl der Stichprobe) voneinander unterschieden werden können. Geregelt wird im allgemeinen nach den Extremwerten einer Stichprobe. Die Lage der Regelgrenzen entspricht also ebenfalls denen der Kontrollkarte für Stichprobengruppen bzw. der Extremwertkarte. Die Häufigkeitsbildkarte vermittelt zusätzlich einen Eindruck vom Fertigungsergebnis. So kann aus dem Häufigkeitsbild der Ausschußanteil geschätzt werden.

Die Häufigkeitsbildkarte kann auch zur Abnahme von Erzeugnissen auf Grund eines meßbaren Qualitätsmerkmals verwendet werden (indirekte Qualitätsregelung). Zu diesem Zweck werden aus der zu beurteilenden Lieferung einige Stichproben entnommen. Der Stichprobenumfang wird vielfach zu $n = 5$ angenommen. Die Anzahl der Stichproben

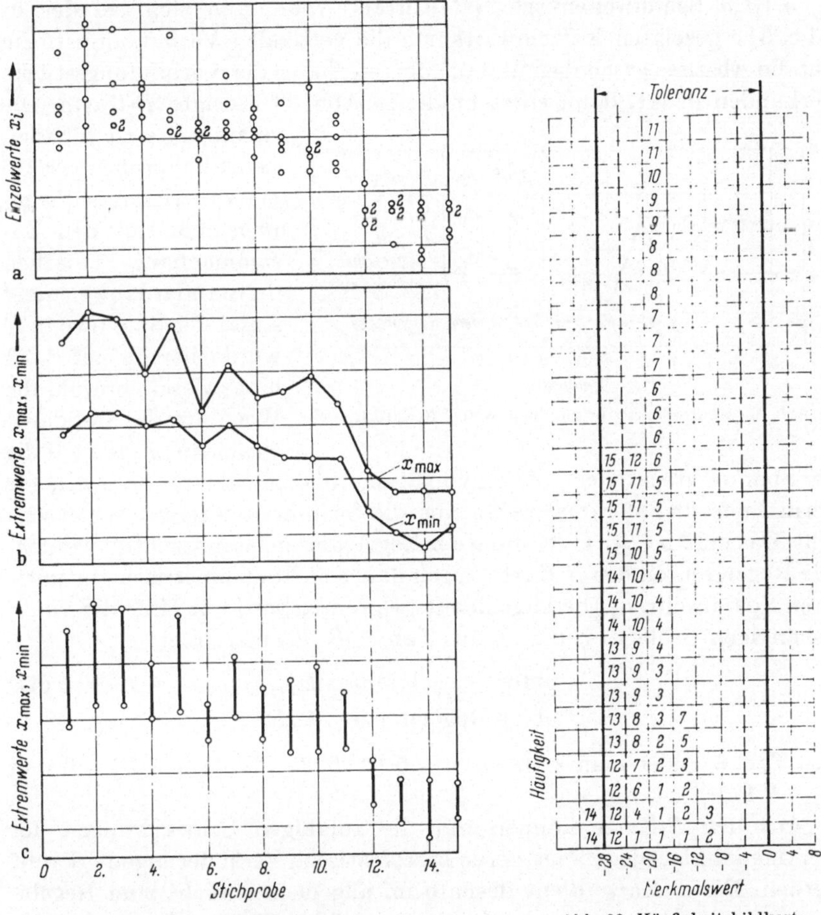

Abb. 31a–c. Extremwertkarte
a) Stichprobengruppen, b) Verlauf der Extremwerte, c) Hervorhebung der Differenz der Extremwerte.

Abb. 32. Häufigkeitsbildkarte.

ergibt sich aus der Zahl der Verpackungseinheiten (je Verpackungseinheit mindestens eine) oder aus dem Lieferumfang N. Aus den Werten der Stichproben baut sich eine Verteilung auf, die Rückschlüsse auf die Lieferung zuläßt. Die Werte der einzelnen Stichproben können durch unterschiedliche Symbole gekennzeichnet werden, sie dienen zum

Schätzen von Mittelwert und Streuungsmaß. Wie auf S. 95 noch gezeigt werden wird, kann aus diesen beiden Größen abgeschätzt werden, inwieweit die Merkmalswerte innerhalb der Toleranz streuen. Hieraus kann dann eine Entscheidung über „gut" oder „schlecht" bzw. „Annahme" oder „Ablehnung" abgeleitet werden. Diese Methode wird auch als „Lot-Plot" bezeichnet [*B 9*].

5.1.1.5 Spannweitenkarte (*R*-Karte). Wenn man sich bei der in Abb. 31c gezeigten Extremwertkarte die vertikalen Verbindungsstücke auf die Abszisse geschoben und die oberen Enden der Verbindungsstücke verbunden denkt, dann entsteht die in Abb. 33 gezeigte R-Karte. Die Spannweite ist für kleinere Stichproben ($n<10$) ein zuverlässiges Streuungsmaß. Auf den Zusammenhang zwischen der Standardabweichung s und der Spannweite R wurde bereits auf S. 33 hingewiesen. Sowohl die Werte für die Standardabweichung als auch die der Spannweite streuen zufällig von Stichprobe zu Stichprobe. Auch für normal verteilte Merkmalswerte sind die Spannweiten immer schief verteilt. Das muß bei der Festlegung der Regelgrenzen berücksichtigt werden. Die Regelgrenzen der R-Karte liegen daher nicht symmetrisch zur mittleren Spannweite $\bar{R}$. Die Lage der Regelgrenzen wird mit Hilfe der von n abhängigen Größen D_3 und D_4 aus Tab. 5 (S. 34) berechnet:

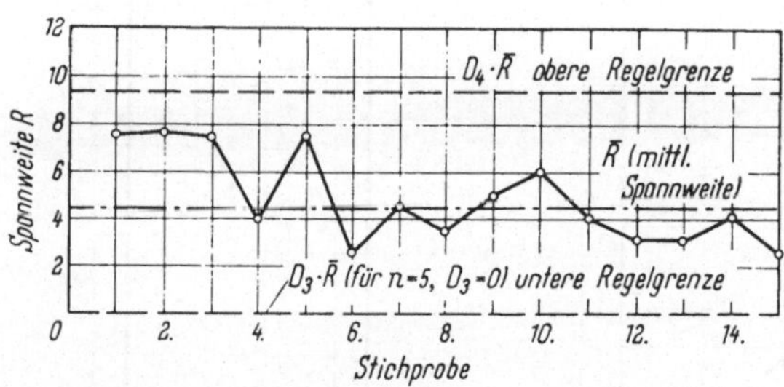

Abb. 33. Kontrollkarte für die Spannweite (R-Karte).

$$\text{untere Regelgrenze: } D_3\bar{R}, \qquad (47)$$
$$\text{obere Regelgrenze: } D_4\bar{R}.$$

Aus Tab. 5 findet man z.B. für $n = 5$ (Abb. 35) die Werte $D_3 = 0$ und $D_4 = 2{,}114$.

Aus der R-Karte können nur die zufälligen Schwankungen der Merkmalswerte, nicht aber deren systematische Veränderungen erkannt werden. Die R-Karte dient deshalb im allgemeinen nicht zum Regeln, sondern zum Überwachen der Qualitätsregelung. Bei der Festlegung der Regelgrenzen für die zum Regeln verwendete Kontrollkarte geht man von einem Streuungsmaß aus, das aus einem Vorlauf ermittelt wurde. Vielfach verläßt man sich darauf, daß sich dieses Streuungsmaß im Laufe der Fertigung nicht ändert. Das ist aber durchaus nicht gesagt. So nehmen mit der Abnutzung des Werkzeugs meistens auch die zur Bearbeitung erforderlichen Kräfte zu. Dadurch wird die Maschine stärker beansprucht und wird ungenauer. Die größer werdende Un-

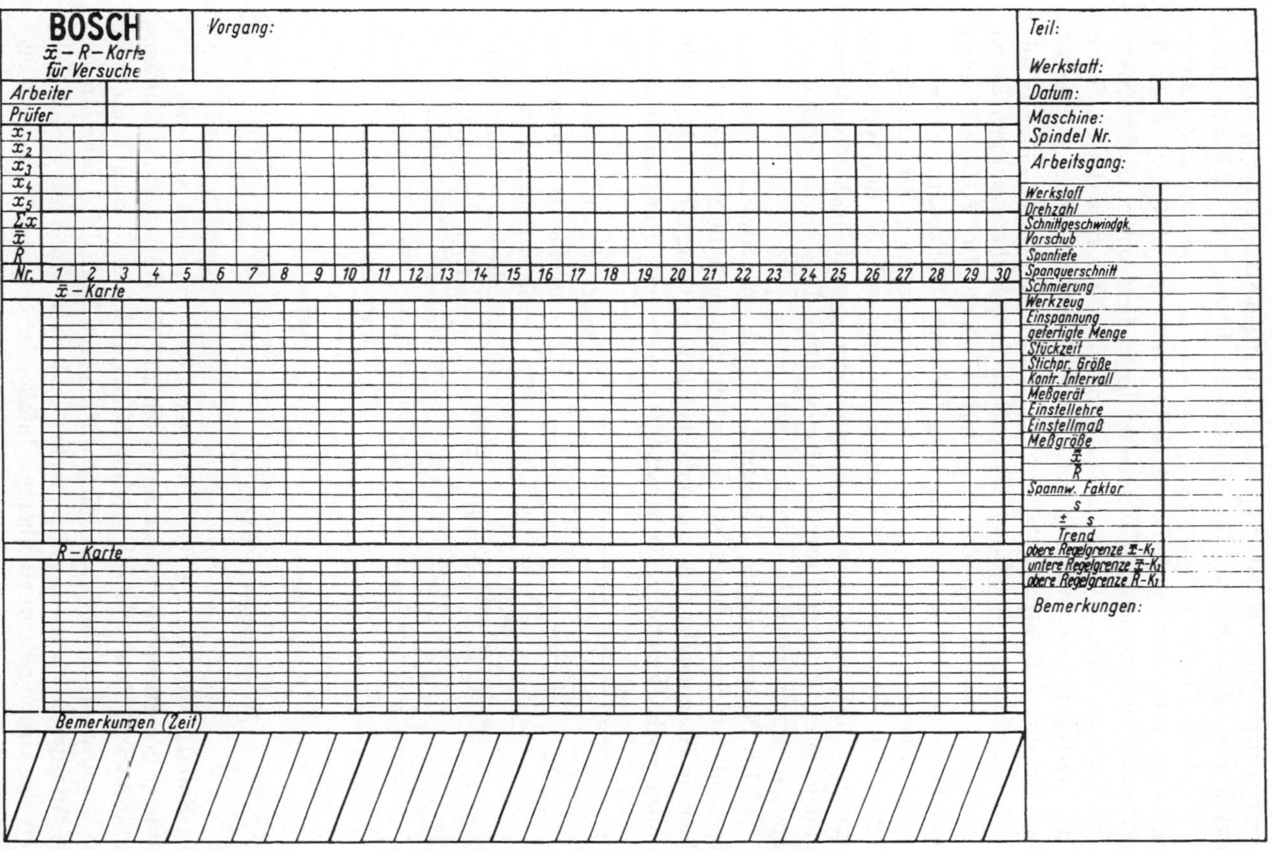

BOSCH
$\bar{x}$ – R – Karte für Versuche
Vorgang:
Teil:
Werkstatt:
Arbeiter
Prüfer
Datum:
Maschine:
Spindel Nr.
Arbeitsgang:
x_1
x_2
x_3
x_4
x_5
Σx
$\bar{x}$
R
Nr. 1 2 3 4 5 6 7 8 9 10 11 12 13 14 15 16 17 18 19 20 21 22 23 24 25 26 27 28 29 30
$\bar{x}$ – Karte
R – Karte
Bemerkungen (Zeit)
Werkstoff
Drehzahl
Schnittgeschwindgk.
Vorschub
Spantiefe
Spanquerschnitt
Schmierung
Werkzeug
Einspannung
gefertigte Menge
Stückzeit
Stichpr. Größe
Kontr. Intervall
Meßgerät
Einstellehre
Einstellmaß
Meßgröße
$\bar{\bar{x}}$
$\bar{R}$
Spannw. Faktor
s
$\pm s$
Trend
obere Regelgrenze $\bar{x}$-K_1
untere Regelgrenze $\bar{x}$-K_1
obere Regelgrenze R-K_1
Bemerkungen:

Abb. 34. Kombinierte Mittelwert- und Spannweitenkarte ($\bar{x}$-R-Karte).

genauigkeit äußert sich in einer zunehmenden Streuung der Merkmalswerte. Durch eine Veränderung des Streuungsmaßes verlieren aber die berechneten Regelgrenzen ihre Gültigkeit. Durch eine **R**-Karte kann während der Fertigung nachgeprüft werden, ob die Streuung der Merkmalswerte tatsächlich gleich groß bleibt. Zu diesem Zweck wird die **R**-Karte auch zusammen mit der nachfolgend besprochenen Mittelwertkarte geführt. Abb. 34 zeigt die kombinierte $\bar{x}$-R-Karte, die bei Bosch zur einmaligen Untersuchung eines Bearbeitungsvorganges verwendet wird. In dieser Kontrollkarte werden Mittelwert und Spannweite aus Stichproben zu $n = 5$ geführt. Sie enthält ferner alle wichtigen Daten hinsichtlich Werkstück, Werkzeug und Maschine. Die $\bar{x}$-R-Karte kann auch zu einer Abnahmeuntersuchung für eine Werkzeugmaschine verwendet werden, wenn nach den Qualitätsmerkmalen der gefertigten Teile einer Versuchsserie entschieden werden soll, ob die Werkzeugmaschine hinsichtlich ihrer Genauigkeit den gestellten Anforderungen genügt. Diese Untersuchung ist eine wichtige Ergänzung zu den bekannten SCHLESINGER-Tests.

5.1.1.6 Mittelwertkarte ($\bar{x}$-Karte). Aus der in Abb. 31a gezeigten Kontrollkarte für Stichprobengruppen läßt sich auch die Mittelwertkarte ableiten. Sie entsteht dadurch, daß die Mittelwerte innerhalb der Stichproben nach Beziehung (8) berechnet und in eine Kontrollkarte eingetragen werden. Abb. 35 zeigt die so entstandene Kontrollkarte. Beim Vergleich zwischen Mittel- und Einzelwerten fällt der wesentlich gleichmäßigere Verlauf der Mittelwerte auf. Die Streuung der Mittelwerte ist nämlich geringer als die der Einzelwerte:

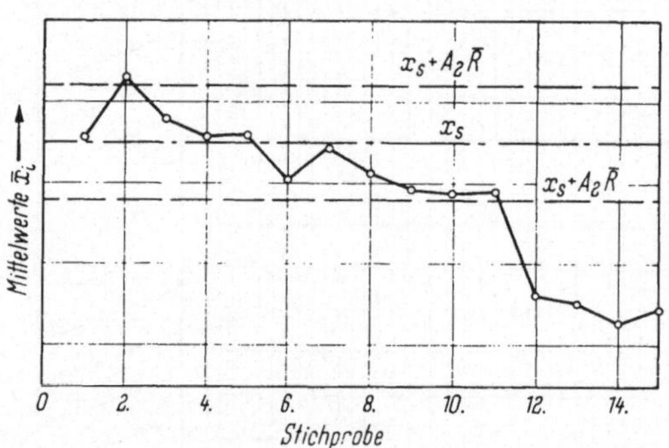

Abb. 35. Mittelwertkarte ($\bar{x}$-Karte).

$$s_{\bar{x}} = \frac{s}{\sqrt{n}} \,. \qquad (48)$$

Die Standardabweichung der Mittelwerte $s_{\bar{x}}$ vermindert sich mit dem Umfang der Stichprobe n, aus denen die Mittelwerte berechnet wurden. Stellt man sich vor, daß die Stichprobe unendlich groß wird, dann geht die Standardabweichung der Mittelwerte gegen Null, d. h., dann streuen die Mittelwerte überhaupt nicht mehr, sondern stimmen mit dem Mittelwert der Grundgesamtheit überein. Infolge der geringeren Streuung der Mittelwerte zeigt die $\bar{x}$-Karte den Trend der Merkmalswerte besonders deutlich. Bei gleicher statistischer Sicherheit liegen die auf den Sollwert bezogenen Regelgrenzen der $\bar{x}$-Karte näher beim Sollwert als bei der x-Karte. Für eine statistische Sicherheit von $S = 99{,}87\,\%$ befinden sich die Regelgrenzen der $\bar{x}$-Karte bei:

$$x_s \pm 3 s_{\bar{x}} = x_s \pm \frac{3}{\sqrt{n}} s = x_s \pm \frac{3}{d_n \sqrt{n}} \bar{R} = x_s \pm A_2 \bar{R}\,. \tag{49}$$

Hierin ist $A_2 = \frac{3}{d_n \sqrt{n}}$ ein von n abhängiger Faktor, der aus Tab. 5 (S. 34) entnommen werden kann. Für $n = 5$ findet man dort $A_2 = 0{,}577$ und $d_5 = 2{,}326$.

Der Mittelwert ist ein abgeleiteter Wert, der erst aus mehreren Einzelwerten berechnet werden muß. Das erfordert nicht nur Zeit, sondern bildet auch eine Quelle für Rechenfehler. Um den Rechenaufwand möglichst gering zu halten, arbeitet man vielfach mit $n = 5$, weil sich das arithmetische Mittel durch Multiplikation der Summe mit 0,2 leicht im Kopf bilden läßt. Die Rechnung läßt sich ganz umgehen, wenn man nicht mit dem arithmetischen Mittel, sondern mit dem Median- oder Zentralwert arbeitet.

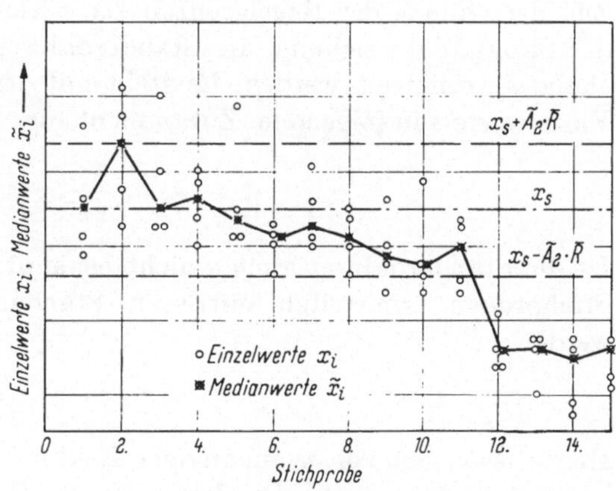

Abb. 36. Medianwertkarte ($\tilde{x}$-Karte).

5.1.1.7 Medianwertkarte ($\tilde{x}$-Karte). Die Streuung der Medianwerte ist nicht viel größer als die der Mittelwerte. Ein Vergleich zwischen der $\bar{x}$-Karte (Abb. 35) und der $\tilde{x}$-Karte (Abb. 36) zeigt deutlich die gleiche Aussage beider Kontrollkarten. Der durch $\tilde{x}$ gekennzeichnete Medianwert ist der mittelste Wert aus einer Gruppe von Merkmalswerten, die der Größe nach geordnet sind. Er kann gänzlich ohne Rechnung bestimmt werden. Der Stichprobenumfang sollte allerdings ungerade sein. Die Medianwerte streuen etwa um 25% stärker als die Mittelwerte:

$$s_{\tilde{x}} = \sqrt{\frac{\pi}{2n}}\, s = \sqrt{\frac{\pi}{2}}\, s_{\bar{x}} = 1{,}253\, s_{\bar{x}}\,. \tag{50}$$

Entsprechend ist auch die Größe $\tilde{A}_2$ (Tab. 5) etwas größer als A_2. Die auf den Sollwert bezogenen Regelgrenzen der Medianwertkarte liegen bei:

$$x_s \pm \tilde{A}_2 \tilde{R}\,. \tag{51}$$

Hierin ist $\tilde{R}$ der mittlere Wert der Spannweitenwerte. Aus Tab. 5 findet man für $n = 5$ den Faktor $\tilde{A}_2 = 0{,}712$.

5.1.1.8 Weitere Kontrollkarten für meßbare Größen. Wenn in einer Kontrollkarte nicht die systematischen, sondern die zufällig wirkenden Störgrößen einer Fertigung verfolgt werden sollen, so muß der Verlauf der Streuung beobachtet werden. Das ist mit der erwähnten R-Karte für die Spannweite oder mit einer s-Karte für die Standardabweichung möglich. Zur Berechnung der Regelgrenzen der s-Karte geht man von der mittleren Standardabweichung $\bar{s}$ aus, die aus einem Vorlauf aus j Stichproben berechnet werden kann:

$$\bar{s} = \frac{\Sigma s_i}{j}\,. \tag{52}$$

Zur Berechnung der Regelgrenzen der s-Karte muß das Streuungsmaß der Standardabweichung, die Standardabweichung der Standardabweichung s_s, ermittelt werden. Es steht mit der Standardabweichung der Einzelwerte s in folgendem Zusammenhang:

$$s_s = \frac{s}{\sqrt{2n}}\,. \tag{53}$$

Ist die Standardabweichung s nicht bekannt, so kann diese aus der aus Stichproben ermittelten mittleren Standardabweichung $\bar{s}$ geschätzt werden:

$$s = \frac{\bar{s}}{c_n}\,. \tag{54}$$

Hierin ist c_n ein von n abhängiger Faktor, der aus Tab. 5 (S. 34) entnommen werden kann. Die Lage der Regelgrenzen der s-Karte ergibt sich aus folgender Beziehung:

untere Regelgrenze:

$$\bar{s} - 3\,s_s = \bar{s} - 3\,\frac{s}{\sqrt{2n}} = \bar{s} - 3\,\frac{\bar{s}}{c_n\sqrt{2n}} = s\left(1 - \frac{3}{c_n\sqrt{2n}}\right) = \bar{s}\cdot B_3\,, \tag{55}$$

obere Regelgrenze:

$$\bar{s} + 3\,s_s = \bar{s} + 3\,\frac{s}{\sqrt{2n}} = \bar{s} + 3\,\frac{\bar{s}}{c_n\sqrt{2n}} = s\left(1 + \frac{3}{c_n\sqrt{2n}}\right) = \bar{s}\cdot B_4\,. \tag{56}$$

Die Faktoren B_3 und B_4 ergeben sich wieder aus Tab. 5, sie lauten für $n = 5$: $B_3 = 0$ und $B_4 = 2{,}114$.

Die s-Karte wird gelegentlich wie die R-Karte zusammen mit einer x-Karte oder einer $\bar{x}$-Karte geführt. Eine eigenständige Bedeutung kommt ihr bei der Überwachung von Werkzeugmaschinen zu, auf denen immer gleiche Werkstücke gefertigt werden. Die Größe der Standardabweichung kann dann als Maß für den Zustand der Maschine betrachtet werden. Regelmäßige Streuungsuntersuchungen können übermäßig hohen Ausschuß und Maschinenschäden verhindern. Ein Vergleich zwischen Streuungen ist in manchen Fällen nur dann sinnvoll, wenn das Streuungsmaß auf den Mittelwert bezogen wird. Das Verhältnis aus Standardabweichung und Mittelwert nennt man Variationskoeffizient:

$$v = \frac{s}{\bar{x}}. \tag{57}$$

Auch diese Größe kann in einer Kontrollkarte zur Maschinen- oder Werkzeugüberwachung verfolgt werden.

In Kontrolleitungen einiger großer Werke, die schon seit geraumer Zeit Kontrollkarten benutzen, wird vielfach die Ansicht vertreten, daß Kontrollkarten für meßbare Größen heute seltener verwendet werden als vor einigen Jahren. Als Begründung wird angeführt, daß die zur Verfügung stehende Toleranz gegenüber der Maschinenstreuung vielfach zu klein sei. Tatsächlich gibt es Betriebe, in denen Kontrollkarten nicht zur Qualitätsregelung, sondern nur zur nachträglichen Beurteilung der Fertigung geführt werden. Das sei ein Hinweis dafür, daß man im Einzelfall prüfen soll, ob der Einsatz von Kontrollkarten technisch und wirtschaftlich sinnvoll ist.

5.1.2 Kontrollkarten für nicht meßbare Qualitätsmerkmale

Im Zusammenhang mit der Sieben-Klassen-Kontrollkarte wurde bereits erwähnt, daß man auch das Ergebnis einer nicht messenden Prüfung in einer Kontrollkarte festhalten kann. Da der Aussagewert einer Prüfung geringer ist als der einer Messung, muß zur attributiven Beurteilung eine größere Stichprobe ($n > 20$) zur Verfügung stehen. Innerhalb der Stichprobe wird die Zahl x der fehlerhaften Teile gezählt. Treten an einem Werkstück mehrere Fehler auf, so wird dieses Werkstück im allgemeinen nur als *ein* fehlerhaftes Teil gewertet. Die Kontrollkarte, in der die Anzahl x der fehlerhaften Teile aufgetragen wird, heißt pn-Karte. Die Größe x ist hierbei keine Variable, sondern stets eine ganzzahlige Größe.

5.1.2.1 Fehlerkarte (pn-Karte). Da die Regelgrenzen der Fehlerkarte nach dem binomischen oder nach dem POISSONschen Gesetz berechnet werden, für die die Fehlerzahl $x = pn$ ist, heißt die Fehlerkarte pn-Karte. Die Bezeichnung x-Karte könnte zur Verwechslung mit der Einzelwertkarte führen.

Genauso wie der Mittelwert von Stichprobe zu Stichprobe schwankt, selbst wenn diese aus einer einheitlichen Grundgesamtheit stammen, schwankt auch die Fehlerzahl x von Stichprobe zu Stichprobe zufällig. Um zufällige und systematische Veränderungen der Fehlerzahlen voneinander zu trennen, bedient man sich wieder bestimmter Regelgrenzen. Vielfach ist der mittlere Fehleranteil $\bar{p}$ so gering ($\bar{p} < 0{,}1$), daß man der

Berechnung der Regelgrenzen die POISSONsche Verteilung zugrunde legen kann. Man geht zunächst von der mittleren Fehlerzahl $\bar{x}$ aus, die aus einem Vorlauf von j Stichproben bestimmt wird:

$$\bar{x} = \frac{\sum x_i}{j}. \tag{58}$$

Umfang und Anzahl der Stichproben sollten genügend groß sein ($n > 20$, $j > 20$). Bereits aus dem Mittelwert können die Regelgrenzen berechnet werden, sie liegen vielfach bei:

$$\bar{x} \pm 3\sqrt{\bar{x}}. \tag{59}$$

Hierbei ist jedoch zu beachten, daß die untere Regelgrenze nicht negativ sein, sondern äußerstenfalls bei Null Fehlern liegen kann: $\bar{x} - 3\sqrt{\bar{x}} \geqq 0$. Die pn-Karte darf nur angewendet werden, wenn der Stichprobenumfang von Stichprobe zu Stichprobe gleich bleibt. Abb. 37 zeigt eine pn-Karte für die mittlere Fehlerzahl $\bar{x} = 4$ mit der unteren Regelgrenze bei 0 und der oberen bei 10.

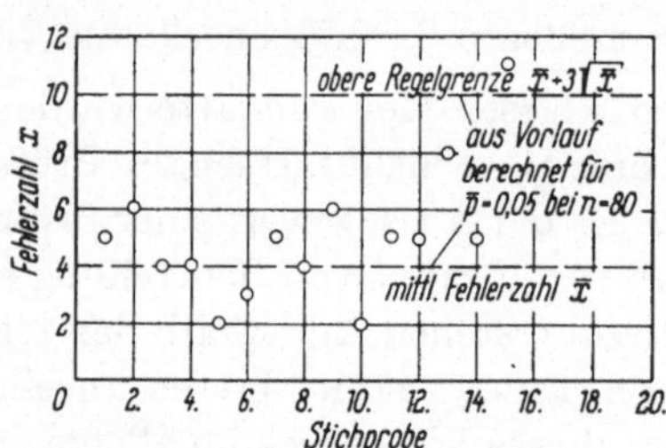

Abb. 37. Fehlerkarte (pn-Karte).

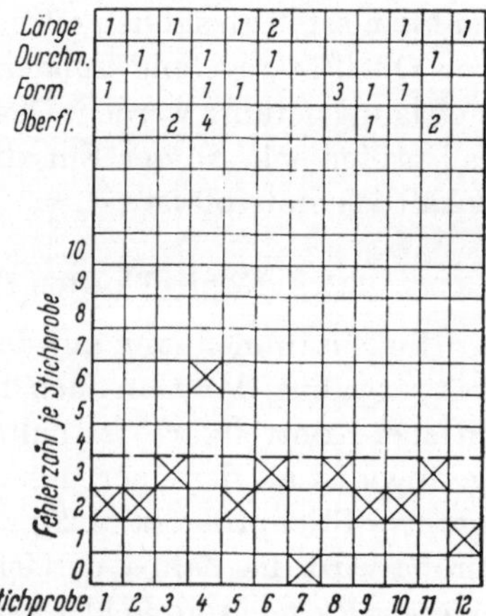

Abb. 38. pn-Karte mit Fehleraufteilung.

Eine gleichartige Fehlerkarte, die als „c-Karte" in die Literatur eingegangen ist [*B 20*], dient zur Beobachtung von Fehlern an einem einzigen Werkstück. Mit dieser Kontrollkarte werden z. B. die Anzahl der Blasen, Kratzer und Lunker an einem Blech, die Zahl der Isolierfehler an einer Rolle Draht oder die Webfehler an einem Ballen Stoff verfolgt. Die Regelgrenzen der c-Karte werden wie die der pn-Karte berechnet.

Aus der Fehlerkarte erkennt man zwar über einen längeren Zeitraum eine Qualitätsänderung, nicht aber deren Ursache. Gezielte Verbesserungen sind meistens erst dann möglich, wenn man für jeden kritischen Fehler getrennt eine pn-Karte führt oder wenn die einzelnen Fehler in einer pn-Karte mit Fehleraufteilung hervortreten, wie es Abb. 38 zeigt. Im eigentlichen Teil dieser Kontrollkarte (Abb. 38 unten) wird nur die

Anzahl der Fehler vermerkt. Mit Hilfe der Regelgrenzen lassen sich zufällige und systematische Veränderungen voneinander unterscheiden. Ferner werden die möglichen Fehlerarten (Abb. 38 oben) aufgeführt. Abb. 39 zeigt die bei einer Wälzlagerfabrik verwendete pn-Karte mit

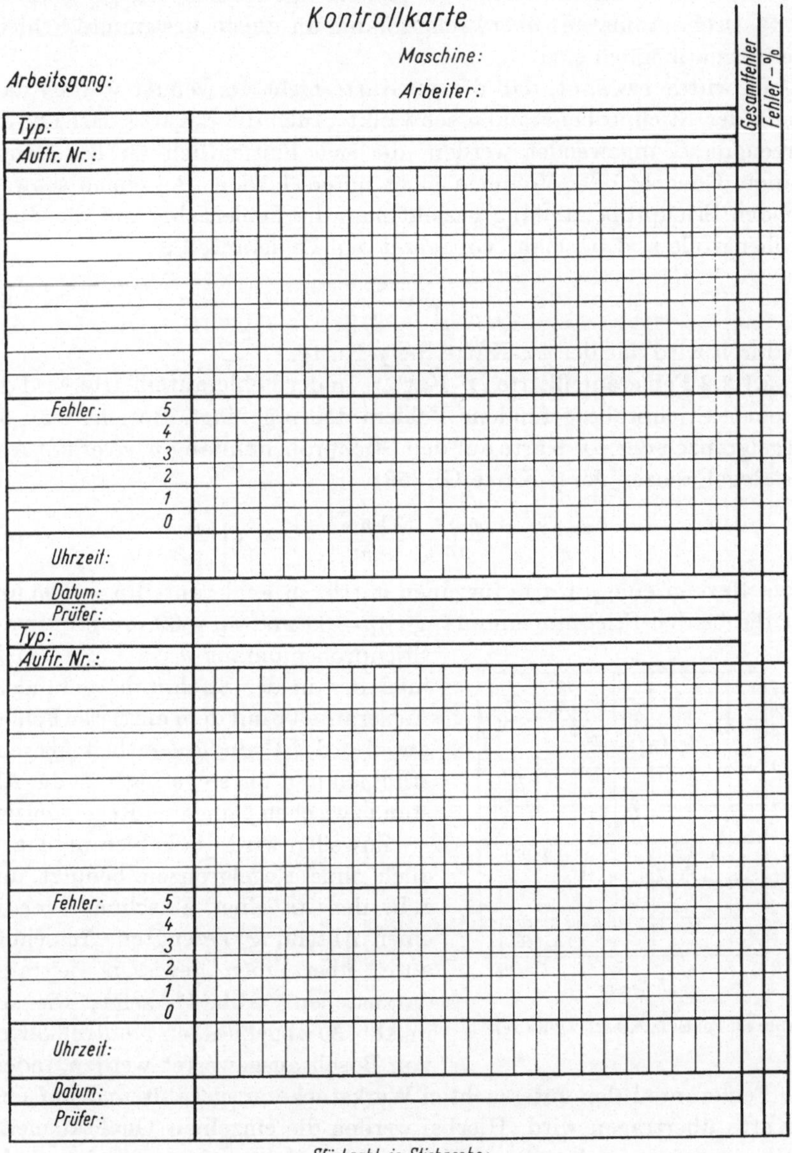

Kontrollkarte

Maschine:

Arbeitsgang:

Arbeiter:

Gesamtfehler

Fehler – %

Typ:

Auftr. Nr.:

Fehler: 5 4 3 2 1 0

Uhrzeit:

Datum:

Prüfer:

Typ:

Auftr. Nr.:

Fehler: 5 4 3 2 1 0

Uhrzeit:

Datum:

Prüfer:

Stückzahl je Stichprobe:

Abb. 39. pn-Karte mit Fehleraufteilung.

Fehleraufteilung. Auf dem Format DIN A5 werden untereinander zwei pn-Karten untergebracht. Es sei der Vollständigkeit halber erwähnt, daß die Fehlerkarte nicht nur zum Registrieren und zum Regeln der Werkstückqualität verwendet wird, sondern daß man auch mit dieser die Qualität, d.h. den Zustand von gleichartigen Bearbeitungsmaschinen (z.B. Drehautomaten) überwachen kann, an denen bestimmte Fehleinstellungen möglich sind.

Es wurde erwähnt, daß die pn-Karte nicht verwendet werden darf, wenn der Stichprobenumfang schwankt. Auch die c-Karte darf nur auf Erzeugnisse angewendet werden, die sich hinsichtlich Größe, Menge, Länge, Gewicht oder Volumen nicht unterscheiden. Bei einem schwankenden Stichprobenumfang bezieht man die Fehlerzahl c auf die Stichprobengröße n, d.h., man beobachtet den Fehleranteil p:

$$p = \frac{x}{n}. \tag{60}$$

Dadurch wird aus der pn-Karte die p-Karte.

5.1.2.2 Fehleranteilkarte (p-Karte). In der Fehleranteilkarte wird der in einer Stichprobe gefundene Fehleranteil p geführt. Bezieht man die Regelgrenzen der pn-Karte auf den Stichprobenumfang n, so erhält man die Regelgrenzen der p-Karte Gl. (59):

$$\frac{\bar{x} \pm 3\sqrt{\bar{x}}}{n} = \frac{\bar{p}\,n}{n} \pm \frac{3\sqrt{\bar{p}\,n}}{n} = \bar{p} \pm 3\sqrt{\frac{\bar{p}}{n}}. \tag{61}$$

Abb. 40 zeigt eine p-Karte für einen mittleren Fehleranteil $\bar{p} = 0{,}05$ und für die beiden Stichprobenumfänge $n_1 = 80$ und $n_2 = 60$. Je größer der Stichprobenumfang n ist, um so mehr muß der in der Stichprobe gefundene Fehleranteil p mit dem mittleren Fehleranteil $\bar{p}$ der Grundgesamtheit übereinstimmen und um so geringer ist der Abstand zwischen $\bar{p}$ und den Regelgrenzen.

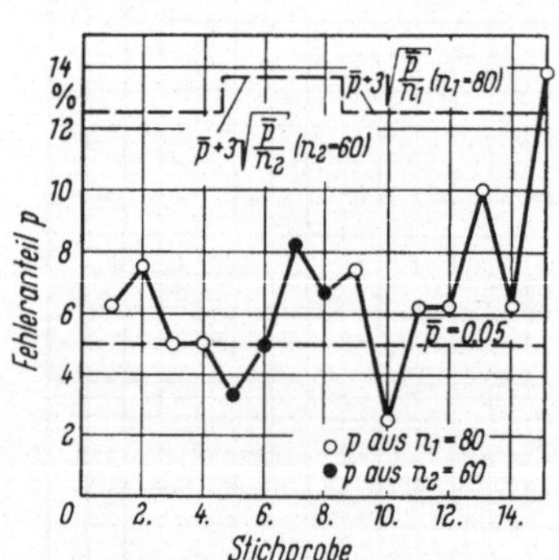

Abb. 40. Fehleranteilkarte (p-Karte).

Zuweilen wird die Fehleranteilkarte auch ohne Regelgrenzen benutzt, um z.B. den an einer Maschine oder in einer Abteilung erzeugten Ausschußanteil über einen gewissen Zeitraum darzustellen. Abb. 41 zeigt, wie die in Abb. 30 abgebildeten Kontrollkarten von Bosch ausgewertet werden, indem der Fehleranteil der untersuchten Werkstücke ausgezählt und auf eine p-Karte übertragen wird. Hierbei werden die einzelnen Qualitätsmerkmale getrennt verfolgt. Diese Kontrollkarte hat auch eine erzieherische Wirkung und trägt so zur Qualitätsverbesserung bei.

Eine der c-Karte entsprechende Abart der p-Karte ist die u-Karte, mit der Erzeugnisse miteinander verglichen werden, die sich hinsichtlich

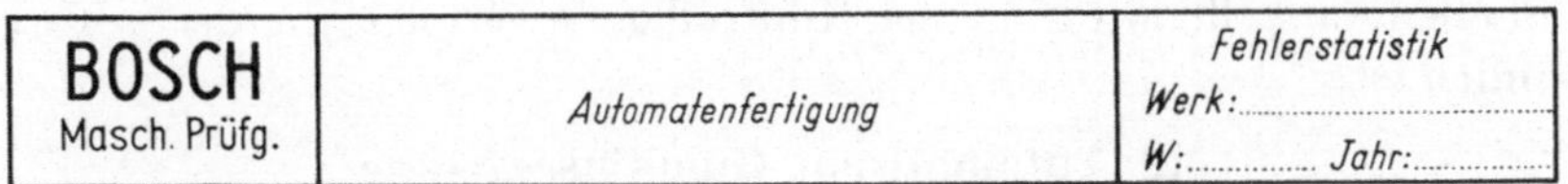

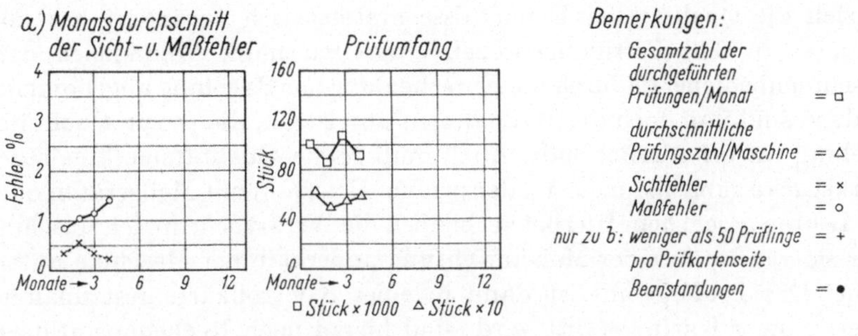

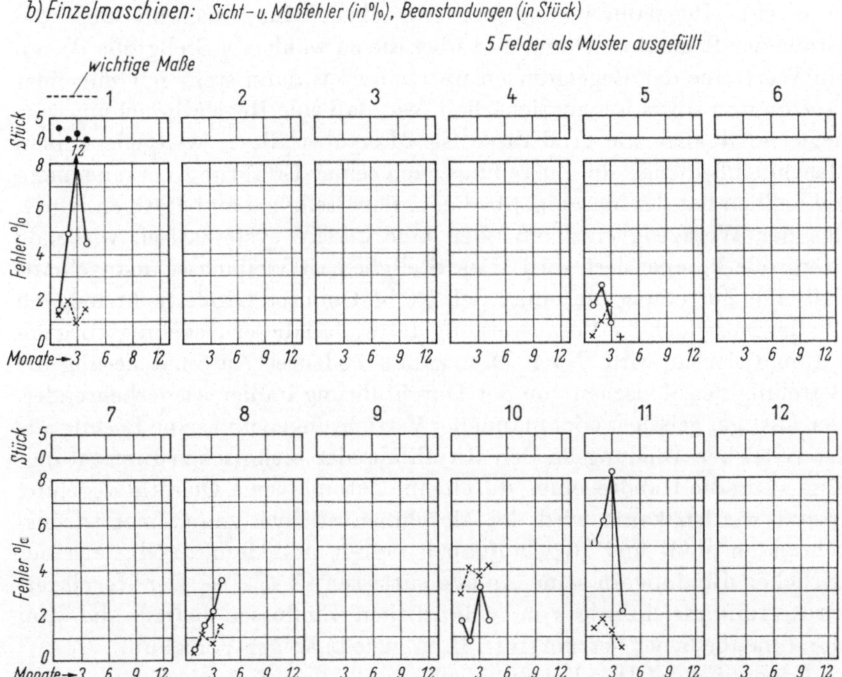

Abb. 41. p-Karte zur Auswertung der in Abb. 30 gezeigten Sieben-Klassen-Kontrollkarte (Bosch).

Größe, Menge, Länge, Gewicht oder Volumen unterscheiden. Die Größe u, die in diesem Zusammenhang das Verhältnis zwischen der an einem Erzeugnis gefundenen Fehler und dessen Größe, Länge, Gewicht oder Volumen darstellt, wird in einer Kontrollkarte verfolgt, die der p-Karte ähnlich ist.

5.2 Automatische Qualitätsregelung

Die bisher behandelten Kontrollkarten sind ausschließlich ein Hilfsmittel für die Handregelung. Sie lassen den Maschinenbediener erkennen, ob sich die Qualität der Erzeugnisse systematisch verändert hat und wann er in den Fertigungsprozeß eingreifen muß. Wenngleich dem Maschinenbediener dadurch die Entscheidung zur Regelung abgenommen wird, so sind ihm doch die Maßnahmen überlassen, die er zur Qualitätsregelung für erforderlich hält. Auch muß er die Qualitätsmerkmale der Werkstücke zunächst messen oder prüfen. Das kann mit Meßgeräten oder mit Lehren geschehen. Hierbei verbleiben die Werkstücke in der Maschine oder sie werden in einer Meßeinrichtung außerhalb der Maschine untersucht. Das Prüfergebnis ist dann in einer Kontrollkarte festzuhalten. Sofern eine $\bar{x}$-Karte geführt wird, sind hierzu noch Rechenoperationen erforderlich. Die für die Handregelung zweckmäßige Kontrollkarte zeigt zwar eine Regelabweichung an, gibt aber keine Auskunft über die Größe der Regelabweichung und über die zu wählende Stellgröße. Wenn ein Wert eine der Regelgrenzen überschreitet, dann steht nur mit einer bestimmten statistischen Sicherheit fest, daß eine Regelabweichung vorliegt, nicht aber wie groß diese ist. Man überläßt es weitgehend dem Maschinenbediener, die Zustellung nach seiner Erfahrung vorzunehmen. Schließlich hat der Maschinenbediener das Stellglied zu betätigen, durch das der Werkzeugverschleiß oder eine andere systematisch wirkende Störgröße kompensiert wird. Das Stellglied ist vielfach so mangelhaft, daß eine Zustellung um einen Schritt bestimmter Größe nicht möglich ist; das ist jedoch die Voraussetzung dafür, daß dieser Regelungsvorgang automatisierbar wird. Nach Dolezalek bedeutet Automatisierung die Befreiung des Menschen von der Durchführung immer wiederkehrender, gleichartiger geistiger oder manueller Verrichtungen und seine Lösung aus der zeitlichen Bindung an den Rhythmus der technischen Einrichtung. Erst wenn die Handregelung durch eine automatische Qualitätsregelung ersetzt werden kann, wird der Maschinenbediener von immer wiederkehrenden Meß- und Regelaufgaben befreit und damit völlig aus der zeitlichen Bindung an seine Anlage entlassen [*Z 4*, *Z 6*]. Der Regelkreis wird damit gleichzeitig von willkürlichen Einflüssen befreit, die vom Maschinenbediener herrühren (z.B. ungleichmäßiger Vorschub).

Gegenüber der Handregelung wird durch die automatische Qualitätsregelung ein gleichmäßigeres Produktionsergebnis zu erzielen sein. Man darf aber nicht vergessen, daß die automatische Qualitätsregelung nur bestimmte, eindeutig vorher festgelegte Funktionen erfüllen kann. Bei auftretenden Störungen kann sie völlig versagen, während der Arbeiter an der Maschine mit Handregelung auch unvorhergesehenen Störungen entgegentreten kann. Die automatisch geregelte Fertigungsmaschine sollte deshalb auch zusätzlich mit einem Überwachungsglied ausgestattet sein, das im Falle einer Störung die Anlage ausschaltet und ein entsprechendes Alarmsignal auslöst.

Ansätze zur Automatisierung der Messung und der Meßwertverarbeitung sind vorhanden. So wurde unter der Bezeichnung „Classimat" eine Gerätekombination entwickelt, die aus einem optischen Feinzeiger „Tolerator"[1] mit lichtelektrischen Grenzkontakten und den datenverarbeitenden Geräten „Grundgerät M 152", „Meßwertspeicher Z 70", „Mittelwerter Z 71" und „Ranger Z 72"[2] besteht. Bei dieser Gerätekombination wird zwar von Hand gemessen, die Auswertung der Meßergebnisse geschieht jedoch selbsttätig. Mit Hilfe der am optischen Feinzeiger angebrachten Grenzkontakte wird das Signal für die Meßgröße einer von 10 Klassen zugeordnet, deren im Bereich von 2···10 µm einstellbar ist. Durch den Meßwertspeicher kann wahlweise die absolute Klassenhäufigkeit oder die absolute Summenhäufigkeit festgehalten werden. Für jeweils fünf Meßwerte wird am Mittelwerter die dem Mittelwert entsprechende Klasse angezeigt, während der Ranger die Spannweite bildet. Entspricht die Spannweite sieben oder acht Klassen, so leuchten die Lampen „Warn- bzw. Kontrollgrenze" auf. Diese Signale könnten auch zum Steuern eines Stellgliedes verwendet werden. Es gibt in der Praxis aber auch heute schon einige Beispiele für eine automatisch ablaufende Qualitätsregelung.

5.2.1 Beispiele zur automatischen Qualitätsregelung

Die automatische Qualitätsregelung wird vielfach auch als „Meßsteuerung" [*B 10*] oder „Maßsteuerung" bezeichnet. Diese Begriffe sind mißverständlich, weil gerade die Steuerung nach dem Maß der zu beeinflussenden Größe nach DIN 19226 eine Regelung ist [*Z 8*].

Die einfachste Form der automatischen Qualitätsregelung ist der Abschaltkreis, wie er beim Rund-, Flächen- und Paarungsschleifen sowie beim Honen angewendet wird. Hierbei werden die der Regelung zugrunde gelegten Merkmale während der Bearbeitung fortlaufend gemessen oder geprüft. Meistens wird die Meßgröße mit der Einstellung von Grenzkontakten an einem Meßgerät verglichen. Einrichtungen dieser Art verwendet man schon seit vielen Jahren an Rundschleifmaschinen.

---

[1] Hersteller: Philips, früher Dr. Masing & Co. KG., Erbach (Odenwald).

[2] Ernst Leitz GmbH, Wetzlar.

Abb. 42 zeigt den Aufbau eines Kontaktfühlers, der über zwei Meßbacken *a* den Durchmesser des durch die Schleifscheibe *e* zwischen Spitzen bearbeiteten Werkstücks *b* antastet. Die Durchmesseränderung wird durch ein Hebelsystem vergrößert und auf die beiden Kontakte *c* und *d* übertragen. Sobald sich der Kontaktdurchmesser auf ein erstes Grenzmaß vermindert hat, wird über den ersten der Vorschub abgeschaltet. Bis zum Schließen des zweiten Kontaktes wird das Werkstück durch Ausfunken fertig bearbeitet.

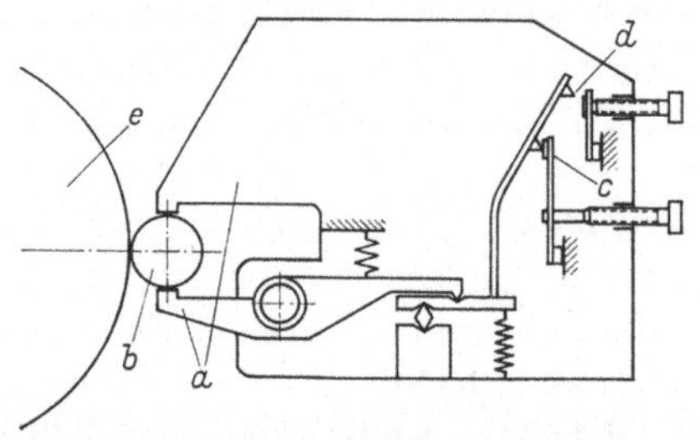

Abb. 42. Kontaktfühler Finitor (Fortuna).

Ähnliche Einrichtungen findet man an Flächenschleif- und Hohnmaschinen. Beim Abschaltkreis bezieht sich die Regelung auf ein Qualitätsmerkmal eines einzelnen Werkstückes. Die Regelung wirkt nur nach einer Seite, zuviel abgespanter Werkstoff kann nicht wieder auf das Werkstück zurückgebracht werden. Demgegenüber gibt es Qualitätsregelungen, die die Regelgröße nach beiden Seiten beeinflussen können. Sie beziehen sich dann auf ein Qualitätsmerkmal an mehreren Werkstücken [*Z 9*].

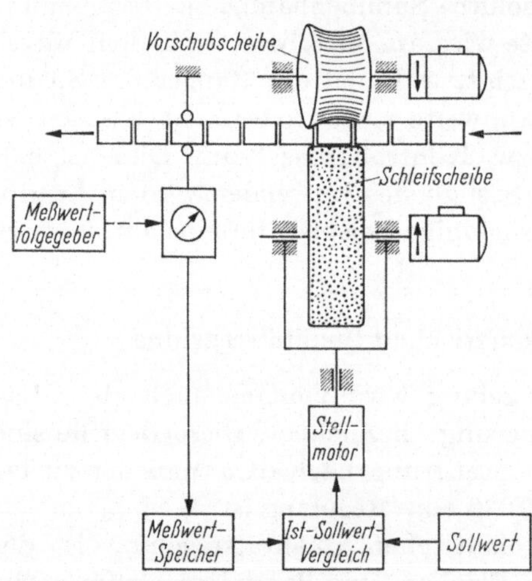

Abb. 43. Blockschaltbild für Durchmesserregelung spitzenlos geschliffener Werkstücke.

So zeigt Abb. 43 eine Durchmesserregelung spitzenlos geschliffener Werkstücke. Die Werkstücke durchlaufen in kontinuierlicher Folge zunächst die spitzenlose Schleifmaschine und dann eine Meßeinrichtung. Dabei muß nicht jedes Werkstück die Meßstation durchlaufen. Vielfach werden die Werkstücke stichprobenartig vermessen. Ein Meßwertfolgegeber legt Anteil und Folge der zu messenden Werkstücke fest. Durch einen Meßfühler wird der Werkstückdurchmesser abgetastet. Ein dem Meßwert entsprechendes Signal wird zum Meßwertspeicher geleitet und in einem Vergleicher mit dem Sollwert verglichen. Meßwertspeicher und Vergleicher sind datenverarbeitende Einrichtungen. Sofern nach einem abgeleiteten Meßwert geregelt werden soll, muß zusätzlich noch ein Rechenglied vorhanden sein. Aus der ermittelten Regelabweichung wird ein Stellsignal gebildet, das dem Stellglied zugeführt wird. Das Stellglied verändert den Abstand zwischen Schleif- und Vorschubscheibe, d.h., es beeinflußt die Durchmesser der Werkstücke.

Regelkreise dieser Art werden an spitzenlosen Schleifmaschinen verwendet, die im Durchgangs- oder Einstechverfahren arbeiten. Neuerdings versucht man, auch Drehmaschinen mit einer ähnlichen Qualitätsregelung auszurüsten, wobei die Tendenz vorherrscht, außerhalb der Maschine zu messen. Man darf annehmen, daß in Zukunft auch noch andere Bearbeitungsverfahren automatisch qualitätsgeregelt werden können.

5.2.2 Glieder eines Regelkreises zur automatischen Qualitätsregelung

Im Rahmen dieser Schrift muß davon abgesehen werden, gerätetechnische Einzelheiten beim Aufbau eines automatischen Regelkreises anzuführen. Nachfolgend sei jedoch auf einige allgemeine Gesichtspunkte hingewiesen.

Ist es bereits für die Handregelung erforderlich, die Qualität der gefertigten Werkstücke zu messen oder zu prüfen, so gilt das erst recht für die automatische Qualitätsregelung. Darüber hinaus sind an die Meß- und Prüfgeräte besondere Anforderungen zu stellen.

1. Zum automatischen Auswerten des Meßergebnisses und zum Auslösen von Steuer- und Regelfunktionen muß ein Signalausgang vorhanden sein.
2. Die Meßeinrichtung soll so beschaffen sein, daß sich der Meßvorgang dem Rhythmus der übrigen Anlage zeitlich anpassen läßt.
3. Meßbereich, Vergrößerung und Meßunsicherheit des Meßgerätes sollen der systematischen und der zufälligen Änderung der Meßgröße entsprechen.
4. Die Meßeinrichtung kann nicht an einer beliebigen Stelle der Fertigungseinrichtung angeordnet werden. Sie sollte sich, damit die Totzeit des Reglers möglichst klein wird, unmittelbar an der Bearbeitungsstelle befinden. Andererseits muß sie so weit von diesem Ort entfernt sein, daß die Messung nicht durch den Bearbeitungsvorgang gestört wird (Erschütterungen, Wärmeabstrahlung, Kühlmittel, Schleifstaub, Späne, Fremdfeld usw.).

Die Merkmalsgröße der Werkstücke kann berührend (mechanisch) oder berührungsfrei (pneumatisch, induktiv, kapazitiv, durch radioaktive Strahlung oder Ultraschall) erfaßt werden. Im allgemeinen wird die Merkmalsgröße durch einen Umformer in irgendeine andere physikalische Größe (elektrische Spannung, Luftdruck) umgeformt, die vergrößert, fernübertragen, gespeichert oder in einer datenverarbeitenden Anlage weiter verarbeitet werden kann. Zur Längenmessung in einem automatischen Regelkreis eignen sich hauptsächliche elektrische und pneumatische Längenmeßgeräte sowie Geräte mit strahlenden Stoffen.

Während bei der Handregelung die Datenverarbeitung vom Maschinenbediener vorgenommen wird, ist in einer automatischen Qualitätsregelung hierzu ein besonderes Glied notwendig, das u. U. ganz einfach aufgebaut sein kann. So kann eine Länge mit einem Feinzeiger gemessen werden, der mit Grenzkontakten ausgerüstet ist, die auf die Regelgrenzen eingestellt werden. Dadurch werden Istwert und Regelgrenzen bereits im Meßgerät miteinander verglichen. Auch der den Grenzkontakten nachgeschaltete Verstärker (meistens ein Relaisverstärker) wird als ein Teil des Meßgerätes zu betrachten sein. Sofern nach abgeleiteten Meßwerten geregelt werden soll, ist daneben noch ein Rechengerät erforderlich. Die weitere Aufgabe der Datenverarbeitungsanlage, aus der Regelabweichung die Stellgröße zu bilden, findet kein Vorbild bei der Handregelung. Vielfach legt man die Regelung so aus, daß das Stellglied immer dann einen gleichgroßen Schritt vor- oder rückwärts stellt, wenn eine der Regelgrenzen überschritten wurde. Diese Regelgrenzen werden genauso berechnet wie die der Kontrollkarte. Die Betrachtungen, die im Zusammenhang mit den Kontrollkarten angestellt wurden, lassen sich auch auf die automatische Qualitätsregelung übertragen.

Daneben gibt es auch stetig arbeitende Stellglieder, die eine der Regelabweichung entsprechende stetige Verstellung vornehmen können. Hierbei sollte man aber beachten, daß die als Differenz von Einzel- und Sollwert gebildete Regelabweichung unsicherer ist als die Abweichung zwischen einem Mittelwert aus mehreren Einzelwerten und dem Sollwert.

Der Aufbau eines automatischen Regelkreises scheitert häufig daran, daß ein geeignetes Stellglied fehlt. Die bei Handregelungen verwendeten Stellglieder sind für die automatische Qualitätsregelung oft unbrauchbar, weil sie eine zu große Umkehrspanne besitzen, nicht genügend reibungsarm arbeiten und auf den Stellimpuls zu langsam reagieren.

5.2.3 Suche nach der günstigsten Qualitätsregelung

Es wurde im vorstehenden dargelegt, daß recht verschiedene Qualitätsregelungen denkbar sind. Erwähnt wurden Regelungen nach Einzel- und nach Mittelwerten, wobei der Umfang der Stichproben, die den Mittelwerten zugrunde liegen, in weiten Grenzen variiert werden kann. Man darf nicht erwarten, daß alle Regelungen einen gleich guten Erfolg haben. Zum Vergleich verschiedener Regelungen benötigt man eine Prüfgröße. Ein solches Prüfmaß entsteht, wenn man die Maschinenstreuung auf die Produktionsstreuung bezieht. Die Produktionsstreuung setzt sich bekanntlich aus Maschinenstreuung und Trend zusammen. Durch die Regelung soll dieser Trend ausgeglichen werden, was je nach Güte der

Regelung nur bis zu einem gewissen Grade gelingt. Je mehr sich die Produktionsstreuung auf die Maschinenstreuung vermindert, um so mehr geht der Ausdruck

$$\eta = \frac{\text{Maschinenstreuung}}{\text{Produktionsstreuung}} = \frac{6\,s_R}{6\,s} = \frac{s_R}{s} \tag{62}$$

gegen „1" oder 100%. Die Größe η kann als Wirkungsgrad für die Güte einer Regelung betrachtet werden [*Z 7*, *Z 9*]. Hierbei ist zu beachten, daß die Produktionsstreuungen jeweils in gleichen Zeiträumen oder über gleiche gefertigte Stückzahlen ermittelt werden. Zur Bestimmung von η sind die Standardabweichung s, die Regressionsgerade sowie die Standardabweichung um die Regressionsgerade S_R zu berechnen.

Die Standardabweichung ergibt sich aus:

$$s = \sqrt{\frac{\Sigma\,(x_i - \bar{x})^2}{n-1}}\,. \tag{9}$$

Auch die Regressionsgerade

$$x_R = a\,y_R + w \tag{22}$$

und die Beziehungen für

$$a = \frac{\Sigma\,x_i\,y_i - \bar{x}\,\Sigma\,y_i}{\Sigma\,y_i^2 - \bar{y}\,\Sigma\,y_i} \tag{24}$$

und

$$w = \bar{x} - a\,\bar{y} \tag{23}$$

wurden bereits erwähnt. Die Standardabweichung um die Regressionsgerade ergibt sich dann zu:

$$s_R = \sqrt{\frac{\Sigma\,(x_{Ri} - x_i)^2}{n-2}}\,. \tag{63}$$

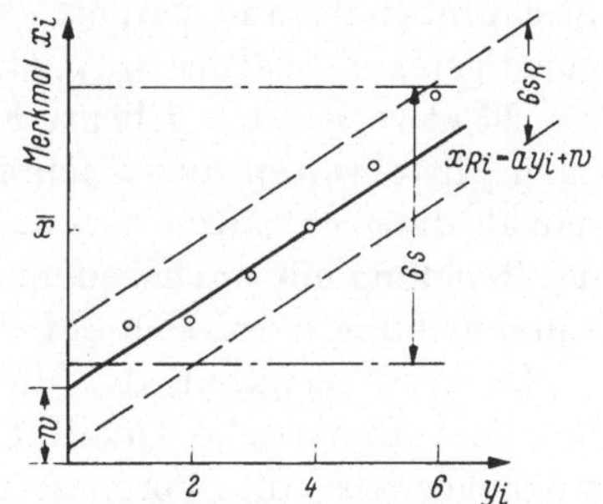

Abb. 44. Regressionsgerade, Maschinen- und Produktionsstreuung.

Abb. 44 zeigt die genannten Größen für eine Gruppe von Merkmalswerten. Für die Praxis wird es vielfach zu aufwendig oder zu langwierig sein, die Güte einer Regelung auf dem beschriebenen Wege zu berechnen. Meist wird es genügen, die Standardabweichung graphisch aus der Summenhäufigkeit zu ermitteln. Das Streuungsmaß um die Regressionsgerade hingegen kann sehr schnell aus der mittleren Spannweite von Stichproben nach der Range-Methode geschätzt werden. Hierzu werden die Merkmalswerte in Stichproben zu je $n = 5$ bis 10 aufgeteilt und aus diesen die Spannweiten R_i ermittelt. Nach Gl. (18) ist die mittlere Spannweite das arithmetische Mittel der Spannweiten R_i. Die Standardabweichung um die Regressionsgerade ergibt sich dann zu:

$$s_R = \frac{\bar{R}}{d_n}\,. \tag{18}$$

Die beiden so ermittelten Streuungsmaße s und s_R können direkt in die Beziehung (62) eingesetzt werden. Sie ergeben eine auch für die Praxis brauchbare Prüfgröße für die Güte einer Regelung. Mit Hilfe von η kann z. B. festgestellt werden, ob eine Veränderung am Regelkreis oder an dessen Gliedern erfolgbringend ist oder nicht. Als Beispiel für die Anwendung sei von einer Untersuchung berichtet, in der festgestellt werden sollte, ob unter bestimmten Voraussetzungen eine Regelung nach Einzel- oder nach Mittelwerten günstiger ist. Ferner sollte der optimale Stichprobenumfang n_{opt} und der Einfluß des Stichprobenabstandes r untersucht werden. Die Größe r entspricht der Zahl der Werkstücke, die sich zwischen zwei Stichproben befinden. Abb. 45 zeigt die Ergebnisse dieser Untersuchung, die an einer Meßwertfolge von $N = 160$ Daten durchgeführt wurde. Diese Werte wurden verschiedenen Regelungen zugrunde gelegt, die mit einem digitalen Elektronenrechner simuliert wurden. Hierbei wurde der Stichprobenumfang sowie der Stichprobenabstand variiert. Wie man aus Abb. 45 ersieht, gibt es ein günstigstes Verhältnis η_{opt}, das für $r = 1$ zwischen $n = 2 \cdots 5$ und für $r = 20$ etwa bei $n = 5$ liegt. Für dieses Beispiel scheint eine Regelung nach Mittelwerten aus Stichproben von $2 \cdots 5$ Meßwerten günstiger zu sein als die nach Einzelwerten. Man erkennt ferner, daß sich das Ergebnis der Regelung mit wachsendem Stichprobenabstand verschlechtert. Diese Untersuchung bezog sich auf eine stetige Qualitätsregelung.

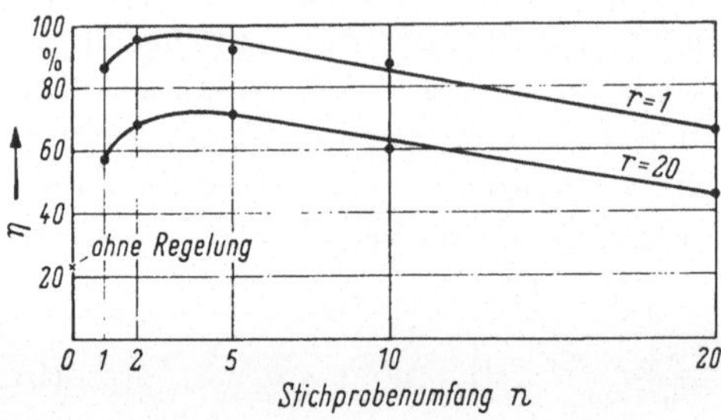

Abb. 45. Verhältnis aus Produktions- und Maschinenstreuung in Abhängigkeit von n für $r = 1$ und $r = 20$.

Es wurde erwähnt, daß die Grundlagen der Qualitätsregelung auch für die automatische Qualitätsregelung ihre Gültigkeit haben, daß sie möglicherweise die Voraussetzung für eine weitere Entwicklung auf diesem Gebiet sind. Die automatische Qualitätsregelung ist ein wichtiges Hilfsmittel, um mit einer vorhandenen technischen Einrichtung genauer zu fertigen.

6. Indirekte Qualitätsregelung

Die Mittel zur direkten Qualitätsregelung können nicht unter allen Umständen angewendet werden. Wenn ein Los gefertigter Werkstücke zur Beurteilung vorliegt, ist eine direkte Qualitätsbeeinflussung nicht mehr möglich. Bereits gefertigter Ausschuß kann erst nachträglich festgestellt werden. Trotzdem ergeben sich hieraus Hinweise für künftige

Lieferungen. Die Maßnahmen zur Qualitätsverbesserung, die sich auf künftig zu fertigende Lose beziehen, werden als indirekte Qualitätsregelung bezeichnet.

6.1 Stichprobenpläne zur Qualitätsbeurteilung

Bereits bei der direkten Qualitätsbeeinflussung mit Hilfe von Kontrollkarten wird nur ein Teil der Fertigung erfaßt. Die gemessenen oder geprüften Teile, deren Ergebnisse in einer Kontrollkarte festgehalten werden, stellen eine Stichprobe aus der laufenden Produktion (Grundgesamtheit) dar. Auch die Qualität der Werkstücke eines bereits gefertigten Loses kann nach einer Stichprobe beurteilt werden. Hierbei stellt das Los oder die Lieferung die Grundgesamtheit dar, die um so genauer geprüft werden kann, je größer die Stichprobe ist. Das Stichprobenergebnis gibt einen Hinweis dafür, ob die Qualität der gefertigten Werkstücke als gut oder als schlecht zu betrachten ist, d.h. ob das Los angenommen werden kann oder zurückgewiesen bzw. aussortiert werden muß. Dabei können die zugrunde gelegten Qualitätsmerkmale meßbar oder nicht meßbar sein. Entsprechend gibt es Stichprobenpläne für meßbare (Variable) und für nicht meßbare Größen (Attribute).

6.1.1 Stichprobenpläne für nicht meßbare Qualitätsmerkmale (Attribute)

Die Pläne für nicht meßbare Qualitätsmerkmale oder Attribute werden durch den Stichprobenumfang n und durch eine zulässige Fehlerzahl c beschrieben. Die Größe c entspricht der Zahl der fehlerhaften Teile innerhalb der Stichprobe n, die nicht überschritten werden darf, wenn das zu beurteilende Los als gut gelten soll.

Die Attributiv-Stichprobenpläne sind einfach anzuwenden: Dem Los bzw. der Lieferung mit dem Umfang N wird eine Stichprobe der Größe n entnommen. Sofern c oder weniger fehlerhafte Teile in der Stichprobe gefunden werden, gilt die Lieferung als gut, andernfalls wird sie als schlecht betrachtet. Bei der Stichprobenentnahme ist dafür Sorge zu tragen, daß die Zufälligkeit gewahrt bleibt. Eine Lieferung kann nur dann durch eine einzige Stichprobe beurteilt werden, wenn jedes Teil die gleiche Chance hat, zur Stichprobe zu gehören. Dabei wird ferner vorausgesetzt, daß die Lieferung in sich homogen ist. Im Zweifelsfall ist die Lieferung in Verpackungseinheiten zu unterteilen, wobei jede Verpackungseinheit durch eine gesonderte Stichprobe zu beurteilen ist.

Die Stichprobenprüfung schließt ein bestimmtes, berechenbares Risiko ein, das nicht immer tragbar ist. So kann auf eine 100-%-Prüfung nicht verzichtet werden, wenn von der Qualität Menschenleben oder sehr hohe Werte abhängen. Wenn aber ein gewisses Risiko für eine

Fehlbeurteilung tragbar ist, kann durch die Anwendung eines Stichprobenplanes der Prüfumfang reduziert werden.

Es ist allerdings nicht zu vergessen, daß ein Stichprobenplan nicht ganz gleichmäßig arbeitet. Sehr gute und sehr schlechte Lieferungen werden nämlich wesentlich zuverlässiger beurteilt als mittelmäßige. Die Annahmewahrscheinlichkeit L einer Lieferung auf Grund der Zahl der in einer Stichprobe gefundenen fehlerhaften Teile hängt von dem mittleren Fehleranteil $\bar{p}$ der Lieferung ab. Betrachtet man die Annahmewahrscheinlichkeit in Abhängigkeit vom mittleren Fehleranteil $L = f(\bar{p})$, so erhält man eine für den jeweiligen Stichprobenplan charakteristische Kennlinie, die Operationscharakteristik. Diese Kennlinie ist ein ausgezeichnetes Mittel, um verschiedene Stichprobenpläne miteinander zu vergleichen. Es soll deshalb zunächst die Konstruktion der Operationscharakteristik beschrieben werden.

6.1.1.1 Operationscharakteristik. Aus dem Verlauf der Operationscharakteristik (auch Abnahmekennlinie genannt) eines Stichprobenplanes ist zu erkennen, mit welcher Sicherheit Lieferungen verschiedener Qualität beurteilt werden. Im allgemeinen wünscht man sich die in Abb. 46 gezeigte Operationscharakteristik: Alle Lieferungen mit $\bar{p} < \bar{p}_{\max}$ sind mit 100%iger Sicherheit anzunehmen, alle Lieferungen mit $\bar{p} > p_{\max}$ sind mit 100%iger Sicherheit zurückzuweisen. Diese Vereinbarung erlegt weder Hersteller noch Abnehmer ein Risiko auf, sie setzt aber voraus, daß der mittlere Fehleranteil $\bar{p}$ genau bekannt ist. Erst die 100-%-Prüfung bringt, sofern sie fehlerfrei ist, genaue Kenntnis über $\bar{p}$. Der hohe mit der 100-%-Prüfung verbundene Aufwand wird durch eine Stichprobenprüfung vermindert. Dabei gehen Besteller und Lieferant bewußt ein bestimmtes Risiko ein. Das Bestellerrisiko ist die Wahrscheinlichkeit, daß eine schlechte Lieferung ($\bar{p} > \bar{p}_{\max}$) irrtümlich angenommen wird, während das Lieferantenrisiko die Wahrscheinlichkeit darstellt, mit der eine gute Lieferung ($\bar{p} < \bar{p}_{\max}$) irrtümlich zurückgewiesen wird. Diese Risiken sind um so größer, je kleiner die Stichprobe ist. Je mehr sich der Stichprobenumfang der Losgröße nähert, um so größer ist die Wahrscheinlichkeit, daß die Lieferung richtig beurteilt wird. Kleiner Prüfumfang und geringe Prüfkosten müssen also durch ein größeres Risiko erkauft werden. Zur Berechnung dieses Risikos sollte das Verteilungsgesetz für die Zahl der fehlerhaften Teile einer Stichprobe bekannt sein. Ganz allgemein gilt hierfür die binomische Verteilung. Wenn es sich aber um die Beurteilung einer

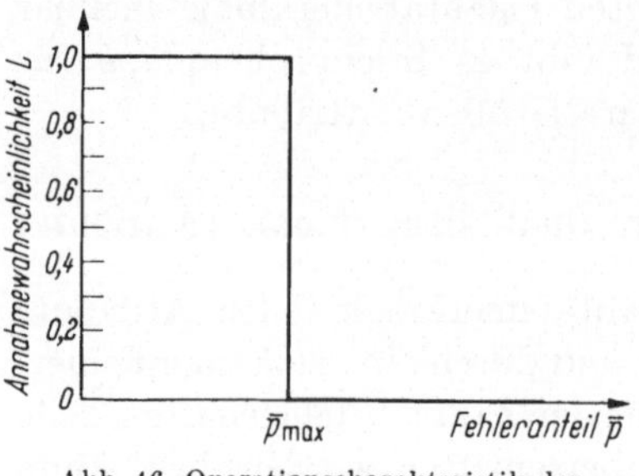

Abb. 46. Operationscharakteristik der 100-%-Prüfung.

Lieferung mit einem relativ geringen Fehleranteil handelt ($\bar{p} > 0{,}1$), darf mit dem POISSONschen Verteilungsgesetz gerechnet werden (vgl. S. 47f.).

Hiernach ist die Wahrscheinlichkeit, daß Lieferungen mit dem Fehleranteil $\bar{p}$ angenommen werden, wenn sich in der Stichprobe von n Teilen höchstens c fehlerhafte befinden:

$$L_{0+1+2\cdots c} = e^{-\bar{x}}\left(1 + \frac{\bar{x}^1}{1!} + \frac{\bar{x}^2}{2!} + \cdots \frac{\bar{x}^c}{c!}\right). \tag{41}$$

Hierin ist $\bar{x}$ der Erwartungswert für die Zahl der Fehler in der Stichprobe, den man als Mittelwert der POISSONschen Verteilung zu

$$\bar{x} = \bar{p} \cdot n \tag{42}$$

berechnen kann. Die Annahmewahrscheinlichkeit kann auch experimentell nachgeprüft werden [*Z 18*]. Abb. 47 zeigt einen Behälter, in dem sich zwei Sorten Kugeln befinden, die sich deutlich voneinander unterscheiden

Abb. 47. Demonstrationsmodell zur Darstellung von Grundgesamtheit und Stichprobe für attributive Beurteilung.

(weiße und rote). Die Gesamtmenge der Kugeln entspricht einer Lieferung aus guten und schlechten Teilen. So befinden sich z. B. in dem Behälter 600 Kugeln, von denen 3% (18 Stck.) rot (= Ausschuß) sind. Es sei zunächst angenommen, daß die Zusammensetzung der Lieferung nicht bekannt ist und daß durch Stichproben die Annahmewahrscheinlichkeit bei Anwendung des Stichprobenplanes $n = 25$, $c = 0$ experimentell ermittelt werden soll. Die Kugeln sind gut zu durchmischen, dann werden dem Stichprobenplan entsprechend 25 Kugeln blind herausgenommen. Dabei besteht die Gefahr, daß der Prüfer mit Vorliebe nach roten Kugeln greift. Diese Erscheinung kann auch in der Praxis beobachtet werden, sie wird dort als „Meistergriff" bezeichnet. Deshalb wird zur Stichprobenentnahme eine Schaufel benutzt, die gerade 25 Kugeln aufnehmen kann. Befindet sich auf der Schaufel keine rote Kugel, so gilt die Lieferung als gut und wird angenommen. In einer einzelnen Stichprobe können sich aber zufällig auch 1, 2 oder noch mehr fehlerhafte Teile befinden. Erst über mehrere Stichproben hinweg werden sich die zufälligen Schwankungen, die nicht von einer Änderung der Qualität herrühren, ausgleichen. Schon nach etwa 10 Stichproben kann die Annahmewahrscheinlichkeit abgeschätzt werden. So ergaben sich nach zehnmaliger Stichprobenentnahme aus der Grundgesamtheit mit der erwähnten Zusammensetzung (3% Ausschuß) in 4 Fällen die Entscheidung Annahme und in 6 Fällen Ablehnung. Die experimentell ermittelte Annahmewahrscheinlichkeit von 40% stimmt gut mit dem Rechenwert von $L = 47\%$ (vgl. Beispiel 13) überein. Wenn dieses Experiment für andere Zusammensetzungen der Grundgesamtheit wiederholt wird, kann der gesamte Verlauf der Operationscharakteristik experimentell bestimmt werden.

Beispiel 13. Berechnung der Operationscharakteristik eines Stichprobenplans für ein nicht meßbares Qualitätsmerkmal

Gesucht seien die Annahmewahrscheinlichkeiten für den Stichrobpenplan 25–0 ($n = c = 0{,}25$) für Lieferungen mit $p = 0{,}5$, 1,0, 2,0 und 10,0%.

Die Wahrscheinlichkeit, daß in der Stichprobe keine fehlerhaften Teile gefunden werden, beträgt nach Gl. (41):

$$L_0 = e^{-\bar{x}}\,(1) = e^{-\bar{x}}.$$

Die gesuchten Annahmewahrscheinlichkeiten werden in einer Tabelle berechnet:

$\bar{p}$	$\bar{x} = \bar{p}\,n$ (für $n = 25$)	$e^{\bar{x}}$	$e^{-\bar{x}}$	$L_0 \approx e^{-\bar{x}} \cdot 100$ (%)
0,005	0,125	1,13	0,885	88,5
0,01	0,25	1,28	0,78	78
0,03	0,75	2,12	0,472	47,2
0,10	2,5	12,2	0,082	8,2

Aus diesen Punkten wurde die Operationscharakteristik für den Plan 25–0 gezeichnet (Abb. 48). Diese Kennlinie hätte auch ohne Rechnung mit Hilfe der in Abb. 21 dargestellten Summenwahrscheinlichkeit für die Poissonsche Verteilung bestimmt werden können. Hierzu würde man von dem auf der Abszisse aufgetragenen Mittelwert $\bar{x} = \bar{p}\,n$ senkrecht nach oben gehen und den Schnittpunkt mit dem Parameter $x = 0$ suchen, der dann auf die Ordinate gelotet wird, an der die Wahrscheinlichkeit L_0 direkt abgelesen werden kann.

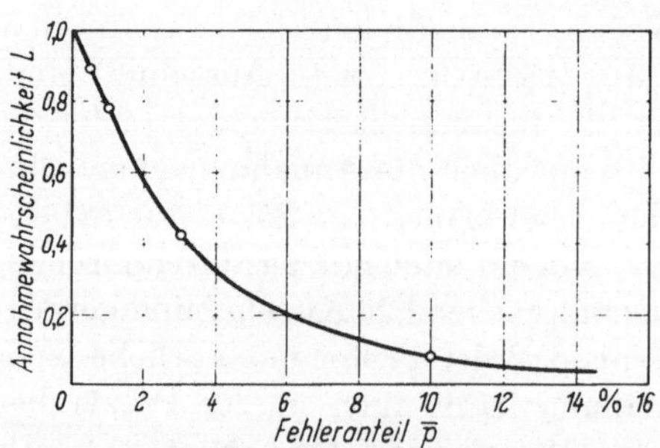

Abb. 48. Operationscharakteristik des Stichprobenplanes 25–0.

6.1.1.2 Attributiv-Stichprobensysteme. Bei der Berechnung der Operationscharakteristik wird vielfach die POISSONsche Verteilung zugrunde gelegt. Dieses Verteilungsgesetz gilt nur unter der Voraussetzung, daß der mittlere Fehleranteil relativ klein ($\bar{p} < 0{,}1$) und die Grundgesamtheit sehr groß ($N \to \infty$) ist. Insofern haben Losgröße und Lieferumfang keinen Einfluß auf den Verlauf der Operationscharakteristik, weil angenommen wird, daß der Lieferumfang ein Bestandteil einer sehr großen Grundgesamtheit ist. Aus diesem Grund ist es nicht einzusehen, wenn bei fast allen Stichprobensystemen der Stichprobenumfang abhängig von der Losgröße gewählt wird. Die Abhängigkeit zwischen n und N wird damit begründet, daß eine große Lieferung durch eine größere Stichprobe sicherer beurteilt werden soll als eine kleinere Lieferung durch eine kleinere Stichprobe. Das hat eine gewisse Berechtigung, denn die Auswirkungen einer Fehlbeurteilung sind im allgemeinen bei einer großen Lieferung schwerwiegender als bei einer kleinen. Im Einzelfall wird es allerdings schwerfallen diese Auswirkungen zahlenmäßig genau anzugeben. Bei den Stichprobenplänen der verschiedenen Stichprobensysteme findet man nicht nur eine Abstufung von n gemäß N, sondern auch eine Differenzierung nach dem mittleren Fehleranteil $\bar{p}$.

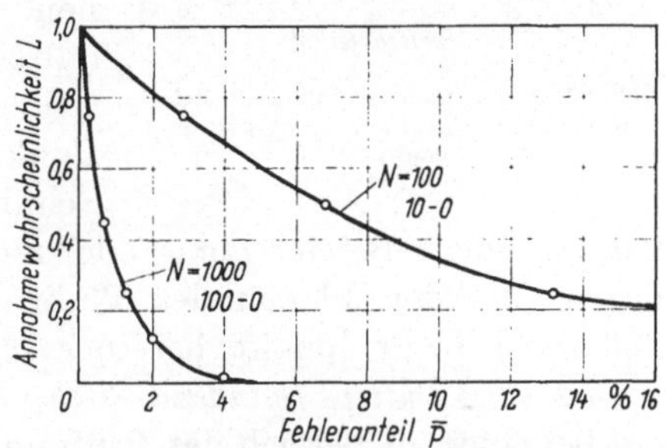

Abb. 49. Kennlinien der Prozentstichprobenpläne 10–0 und 100–0.

Unter unterschiedlichen Voraussetzungen wurden Stichprobenpläne zu Stichprobensystemen zusammengesetzt, von denen die wichtigsten nachfolgend erwähnt werden.

6.1.1.2.1 Prozent-Stichprobenpläne mit $c = 0$. Das älteste und wohl ungeeigneteste Stichprobensystem ist das der Prozent-Stichprobenpläne mit $c = 0$. Von dem zu beurteilenden Los wird ein bestimmter Prozentsatz, häufig 10%, als Stichprobe entnommen. Das Los gilt als gut, sofern in der Stichprobe kein fehlerhaftes Teil gefunden wird. Wie man aus den in Abb. 49 gezeigten Kennlinien ersieht, wird nach diesem Stichprobensystem eine große Lieferung viel sicherer beurteilt als eine kleine. Wird eine schlechte Partie vom Empfänger nach diesem System in vielen kleinen Teillieferungen untersucht, so ist das Ergebnis ungleich besser als bei Prüfung der gesamten Lieferung mit einer großen Stichprobe. Nicht ganz so unterschiedlich arbeiten die Stichprobenpläne eines Systems, bei dem die Annahmezahl c von n abhängt.

6.1.1.2.2 Prozent-Stichprobenpläne mit $c = f(n)$. Bei den Prozent-Stichprobenplänen mit $c \neq 0$ wird gleichfalls der Stichprobenumfang als ein bestimmter Anteil von der Losgröße gewählt. Da bei gleichbleibender

Qualität und wachsendem Stichprobenumfang zwar die zu erwartende Fehlerzahl c, nicht aber der zu erwartende Fehleranteil p zunimmt, wird die zulässige Fehlerzahl c in Abhängigkeit von der Stichprobengröße n gewählt. Ein Nachteil dieser Pläne ist jedoch, daß kleinere, gute Lieferungen stets mit $c = 0$ geprüft werden und sehr große Lieferungen wegen der starren Abhängigkeit von n und N mit einem relativ großen Prüfaufwand beurteilt werden müssen.

In Abb. 50 wurden die Kennlinien für zwei Stichprobenpläne gezeichnet, bei denen jeweils 10% eines Loses geprüft werden ($n = 0{,}1\,N$) und bei denen der größte zulässige Fehleranteil in der Stichprobe 2% beträgt ($c = 0{,}02\,n$). Auch bei diesem System läßt sich die Vorstellung, daß die Kennlinien der Stichprobenpläne gleicher Prüfschärfe eines Stichprobensystems miteinander identisch sind, nur angenähert verwirklichen.

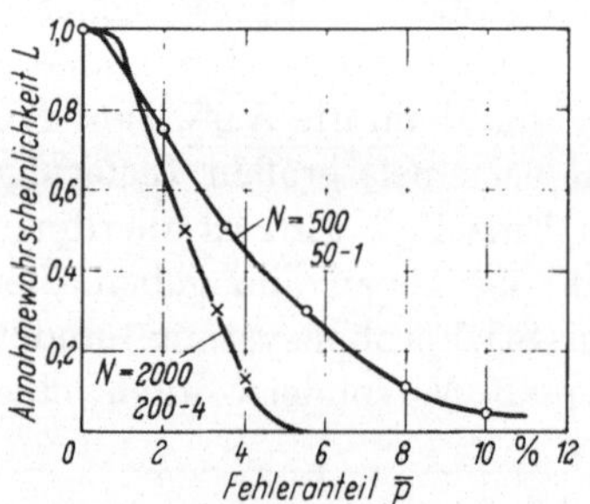

Abb. 50. Kennlinien der Prozentstichprobenpläne mit $c = f(n)$ 50–1 und 200–4.

Den nachfolgend erwähnten sogenannten „wissenschaftlichen Stichprobenplänen" liegt die Einschränkung zugrunde, daß sich die Kennlinien zusammen gehörender Stichprobenpläne jeweils in einem Punkt, dem Prüfpunkt, schneiden. Der Schnittpunkt der Annahmekennlinien kann in einem Bereich hoher oder niedriger Annahmewahrscheinlichkeit liegen. Bei den Plänen des Philips-Standard-Stichprobensystems befinden sich die Prüfpunkte bei einer Annahmewahrscheinlichkeit von 50%.

6.1.1.2.3 Philips-Standard-Stichprobensystem. Die Philips-Pläne arbeiten bei einer im Bereich des Prüfpunktes liegenden Qualität $\bar{p}_{50}$ für alle Lieferumfänge gleichmäßig aber unbestimmt, denn sie führen mit gleicher Wahrscheinlichkeit zur Annahme oder zur Ablehnung der Lieferung. Gerade in diesem Bereich sind aber die Annahmewahrscheinlichkeiten zusammengehörender Pläne etwa gleichgroß. Bei wesentlich schlechterer oder viel besserer Qualität als $\bar{p}_{50}$ sind diese Pläne zwar zuverlässiger, unterscheiden sich aber hinsichtlich der Annahmewahrscheinlichkeiten.

Das Philips-Standard-Stichprobensystem umfaßt Pläne für die durch den Prüfpunkt festgelegten Qualitäten $\bar{p}_{50} = 0{,}25$, 1, 2, 3, 5, 7 und 10%. Der Prüfpunkt der Philips-Stichprobenpläne hat eine anschauliche Bedeutung, er entspricht etwa dem gerade noch zulässigen Fehleranteil in der Stichprobe: $\bar{p}_{50} \approx c/n$. Für den Plan 250–2 liegt der Prüfpunkt bei $\bar{p}_{50} = 1$%, nach der genannten Faustformel würde man ihn bei 1,25% erwarten. Abb. 51 zeigt die Kennlinien zweier Stichprobenpläne dieses Systems.

6.1.1.2.4 Dodge- und Romig-Tabellen. Verschiebt man den Prüfpunkt in Richtung einer geringeren Annahmewahrscheinlichkeit, dann erzielt man eine gleichmäßigere Beurteilung schlechter Lieferungen. Hingegen weichen die Kennlinien der Pläne dieses Systems bei guter Qualität stärker voneinander ab. Infolgedessen geben sie dem Besteller eine größere Sicherheit als dem Lieferanten. Die Operationscharakteristiken

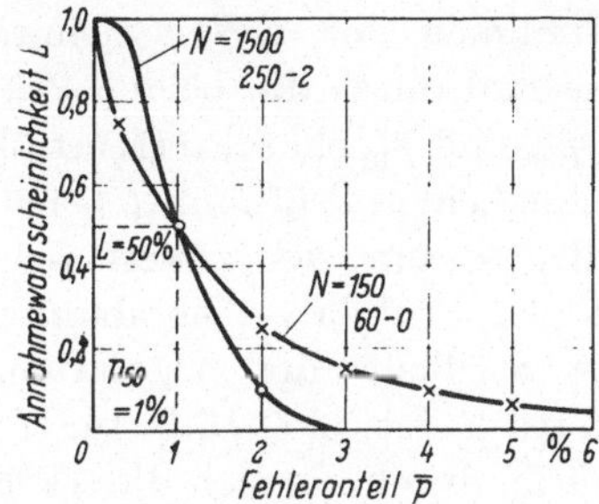

Abb. 51. Kennlinien der Philips-Stichprobenpläne 60–0 und 250–2.

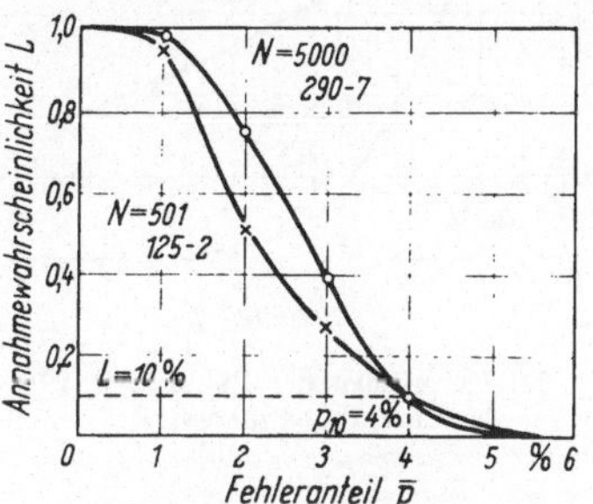

Abb. 52. Kennlinien der Pläne 125–2 und 290–7 nach DODGE-ROMIG.

der Stichprobenpläne nach DODGE und ROMIG schneiden sich jeweils im Punkt $\bar{p}_{10}$ bei einer Annahmewahrscheinlichkeit von 10%. Abb. 52 zeigt die Kennlinien zweier Pläne für Lieferungen verschiedenen Umfangs mit einem mittleren Fehleranteil $\bar{p} = 1\%$. Diesen Plänen haftet der Nachteil an, daß der mittlere Fehleranteil $\bar{p}$ bekannt sein muß, damit ein Stichprobenplan ausgewählt werden kann.

6.1.1.2.5 Tabellen der Columbia-Universität. Die von der Columbia-Universität zusammengestellten Stichprobenpläne sind am weitesten verbreitet. Sie waren die Grundlage der vom amerikanischen Heer genormten Pläne „Military Standard 105 A“ und der fast gleichlautenden Pläne VG 95083 des Bundesamtes für Wehrtechnik und Beschaffung sowie der ASQ-Pläne.

Den von der Columbia-Universität ausgearbeiteten Plänen liegt der Prüfpunkt $\bar{p}_{95}$ (bei der Annahmewahrscheinlichkeit $L = 95\%$) zugrunde. Der mittlere Fehleranteil $\bar{p}_{95}$, bei dem die Lieferungen mit 95%iger Wahrscheinlichkeit angenommen werden, wird auch als „Gutgrenze“ oder AQL (Acceptable Quality Level) bezeichnet. Im Gegensatz zu den vorher erwähnten Plänen von DODGE und ROMIG werden durch die Tabellen der Columbia-Universität die Interessen des Lieferanten stärker berücksichtigt als die des Bestellers. Lieferungen mit einer der Gutgrenze entsprechenden Qualität oder besser werden mit hoher (mindestens 95%), schlechtere jedoch mit unterschiedlicher Sicherheit angenommen. Nach diesen Plänen werden große Lieferungen schärfer beurteilt als kleine. Abb. 53 zeigt die Kennlinie zweier Pläne dieses Stichprobensystems.

Es liegt nahe, die Vorteile der beiden zuletzt genannten Stichprobensysteme miteinander zu verbinden, indem man ein System schafft, das Lieferer und Besteller eine gleichgroße Sicherheit für alle Pläne bietet. Einen solchen Versuch stellen die vom AWF entwickelten Stichprobenpläne dar.

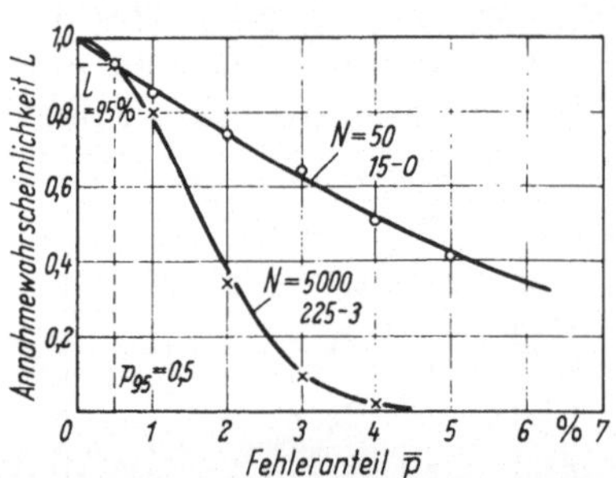

Abb. 53. Kennlinien der Pläne 15–0, 225–3 der Columbia-Universität.

6.1.1.2.6 AWF-Stichprobenpläne. Die Kennlinien der AWF-Stichprobenpläne sind durch die beiden Prüfpunkte $\bar{p}_{90}$ und $\bar{p}_{10}$ charakterisiert. Je näher diese beiden Prüfpunkte beieinander liegen, um so zuverlässiger arbeitet der Prüfplan. Die dadurch bedingte Steilheit der Operationscharakteristik ist ein Maß für die Prüfschärfe, durch die sich die AWF-Tests *I*, *II*, *III*, *IV* und *V* unterscheiden. Wie man aus Abb. 54 ersieht, ist *I* der schärfste und *V* der mildeste Test.

Die Stichprobenpläne wurden so zusammengestellt, daß die Kennlinien eines bestimmten Tests möglichst gleich verlaufen. Wie Abb. 55 zeigt, wird diese Forderung nur angenähert erfüllt.

Im allgemeinen dienen die Stichprobenpläne nicht nur zur Qualitätsbeurteilung, sondern auch zur Qualitätsverbesserung, denn die in einer Stichprobe gefundenen Fehlerteile werden ohnehin ausgesondert. Damit wird die durchschnittliche Qualität der Lieferungen auf lange Sicht

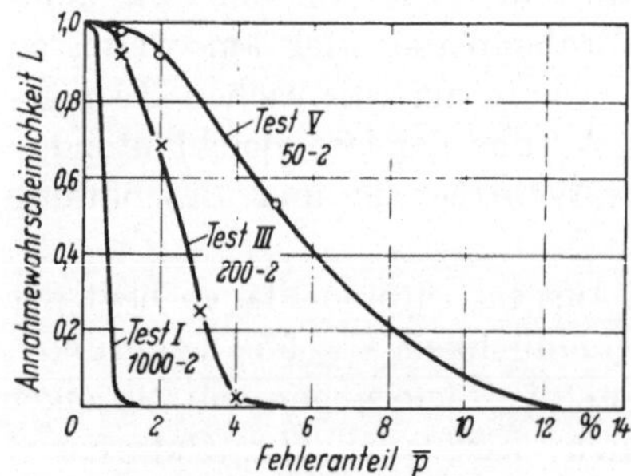

Abb. 54. Kennlinien der AWF-Tests *I*, *III*, *V* für $N = 2000 \cdots 5000$.

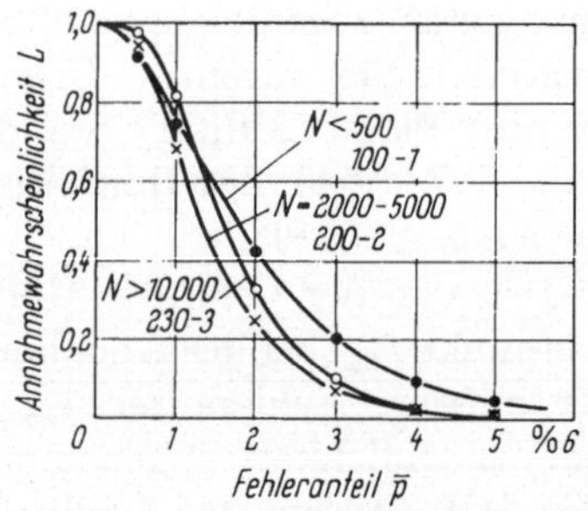

Abb. 55. Kennlinien einiger Stichprobenpläne des AWF-Tests *III*.

verbessert. Bei den AWF-Stichprobenplänen werden zudem alle schlechten Teillieferungen 100%ig verlesen und werden dadurch praktisch fehlerfrei. Je schlechter die Qualität der angelieferten Erzeugnisse ist, um so mehr Teillieferungen müssen 100%ig verlesen werden und um so stärker macht sich die Qualitätsverbesserung bemerkbar. Andererseits ist bei guten Lieferungen die Verbesserung der Qualität geringer. Das führt dazu, daß bei Anlieferung einer mittleren Qualität damit zu rechnen ist, daß nach Anwendung der Stichprobenpläne noch ein relativ großer Fehleranteil in den Lieferungen enthalten ist, der bei einem bestimmten $\bar{p}_{\mathrm{AOQL}}$ sein Maximum erreicht, das als „größter Durchschlupf" oder AOQL (Average Outgoing Quality Level) bezeichnet wird.

Von der Möglichkeit der Qualitätsverbesserung durch eine kombinierte Prüfung und Sortierung wird auch bei anderen Stichprobenplänen Gebrauch gemacht.

Es gibt einige Betriebe, die sich für ihre besonderen Belange ein eigenes Stichprobensystem zusammenstellen. Die meisten Anwender bedienen sich aber einer der bekannten Stichprobensysteme und wählen aus diesen einige für sie zweckmäßige Pläne aus. Gelegentlich wird auch ein einflußreicher Besteller dem Lieferanten ein bestimmtes System aufzwingen können. Diesem Umstand ist es sicherlich zu verdanken, daß der Military Standard 105 A (Mil-Std-105 A) in den USA eine starke Verbreitung gefunden hat. Man darf annehmen, daß sich aus einem ähnlichen Grunde auch die Prüfpläne VG 95083 des Bundesamtes für Wehrtechnik und Beschaffung in Deutschland durchsetzen werden. Infolgedessen wird dieses Stichprobensystem etwas ausführlicher beschrieben.

6.1.1.2.7 Prüfpläne VG 95083 des Bundesamtes für Wehrtechnik und Beschaffung. Es wurde erwähnt, daß die Prüfpläne VG 95083 [*B 18*] denen des Mil-Std-105 A entsprechen, die aus den Plänen der Columbia-Universität entwickelt wurden. Diese Stichprobenpläne wurden besonders auf die Praxis abgestimmt. So hat man sich bemüht, jeweils runde Zahlen für n und c zu finden. Infolgedessen kann von einem Prüfpunkt $\bar{p}_{95}$ eigentlich nicht mehr die Rede sein. Trotzdem ist in diesem System der Begriff der Gutgrenze (AQL) verankert, die je nach Stichprobenplan einer Annahmewahrscheinlichkeit von 85···99,9% entsprechen kann. Dieses Stichprobensystem begünstigt den Lieferanten, dessen Erzeugnisse bei guter Qualität mit hoher Wahrscheinlichkeit abgenommen werden. Der Besteller ist zunächst weniger gegen zu schlechte Qualität geschützt. Sein Schutz ergibt sich aber aus der erwähnten Maßnahme, daß alle als schlecht befundenen Teillieferungen 100%ig durchgesehen und aussortiert werden. Dadurch wird die durchschnittliche Qualität über alle Lieferungen verbessert. Dieser Schutz des Bestellers gegen die Annahme von Lieferungen mit zu schlechter Qualität sei an einem Beispiel erläutert.

Beispiel 14. Berechnung des größten Durchschlupfes für den Plan 110–0

Es sollen folgende Fragen geklärt werden: Wie verhält sich der mittlere Fehleranteil der geprüften Lieferungen in Abhängigkeit vom mittleren Fehleranteil der zu prüfenden Lose bei Anwendung des VG-Planes 110–0; bei welchem Fehleranteil $\bar{p}_{AOQL}$ muß man mit dem größten Durchschlupf rechnen und wie hoch ist dieser?

Zunächst berechnet man nach der POISSONschen Verteilung (Abb. 21) die Annahmewahrscheinlichkeiten für verschiedene mittlere Fehleranteile der zu prüfenden Lieferungen. Da die abgelehnten Lieferungen 100%ig verlesen und die schlechten Teile durch gute ersetzt werden, enthalten die beurteilten Lieferungen über einen längeren Zeitraum hinweg nur noch die fehlerhaften Teile, die in den auf Grund von Stichproben angenommenen guten Lieferungen enthalten waren. Die durchschnittliche Qualität der geprüften Lieferungen ergibt sich also als Produkt aus dem mittleren Fehleranteil der zu prüfenden Lieferung und deren Annahmewahrscheinlichkeit. Wie man aus der in Abb. 48 gezeigten Operationscharakteristik für den Plan 110–0 ersieht, werden bei einem sehr kleinen Fehleranteil, etwa bei 0,01% fast alle Lieferungen angenommen ($L_0 = 99\%$). Nur ein kleiner Teil der Lose (1%) wird als schlecht betrachtet und 100%ig aussortiert. Die Qualitätsverbesserung ist also gering. Bei ziemlich schlechter Qualität ($\bar{p} = 0{,}63\%$) wird etwa eine Hälfte der Lieferungen angenommen und die andere Hälfte 100%ig aussortiert. Durch diese Maßnahme wird die mittlere Qualität erheblich verbessert (von 0,63% auf etwa 0,32%). Wenn die Erzeugnisse in noch

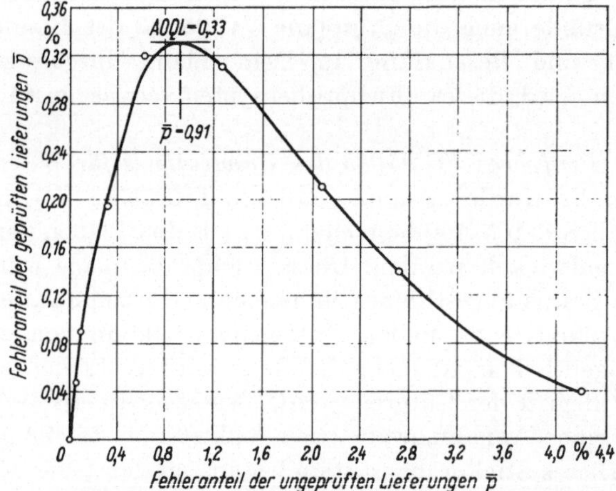

Abb. 56. Verlauf des mittleren Fehleranteils der geprüften Lieferungen in Abhängigkeit von dem der ungeprüften bei Anwendung des VG-Plans 110–0.

wesentlich schlechterer Qualität angeliefert werden, etwa mit $\bar{p} = 4{,}19\%$, dann ist die Annahmewahrscheinlichkeit mit $L = 1\%$ so gering, daß fast alle Teillieferungen aussortiert werden müssen. Die Qualitätsverbesserung ist dann am größten, sie wird allerdings durch einen hohen Prüfaufwand erkauft. Trägt man jeweils das Produkt aus $\bar{p}$ und L in Abhängigkeit von $\bar{p}$ auf, so entsteht die in Abb. 56 gezeigte parabelförmige Kurve, deren Maximum bei $\bar{p} = 0{,}91\%$ liegt. Bei diesem mittleren Fehleranteil tritt ein größter Durchschlupf von AOQL = 0,33% auf. Man darf damit rechnen, daß bei Anwendung des Planes 110–0 über einen längeren Zeitraum hinweg der mittlere Fehleranteil der angenommenen Lieferungen nicht größer als 0,33% werden kann, wobei die Qualität einer einzelnen angenommenen Lieferung durchaus einmal wesentlich schlechter sein kann.

Die VG-Stichprobenpläne bestehen aus Prüfplänen für 18 verschiedene Qualitäten. Es handelt sich um die nachfolgend aufgeführten Pläne für Sonder-, Präzisions-, normale mechanische und grobe Fertigung sowie um Pläne zur zerstörenden Prüfung, von denen die hervorgehobenen Pläne S 2, P 2, P 4, N 2 und O 2 bevorzugt anzuwenden sind.

Anwendungsbereich	Kurzzeichen	Gutgrenze AQL %
	S 1	—
Sonderfertigung	S 2	0,015
	S 3	0,035
	P 1	0,065
	P 2	0,10
Präzisionsfertigung	P 3	0,15
	P 4	0,25
	N 1	0,40
normale Fertigung	N 2	0,65
	N 3	1,0
	O 1	1,5
	O 2	2,5
grobe Fertigung	O 3	4,0
	O 4	6,0
	O 5	10,0
	Z 1	
zerstörende Prüfung	Z 2	
	Z 3	

Der Prüfumfang der Pläne für die zerstörende Prüfung ist stark reduziert, ein AQL kann deshalb nicht angegeben werden. Die zer-

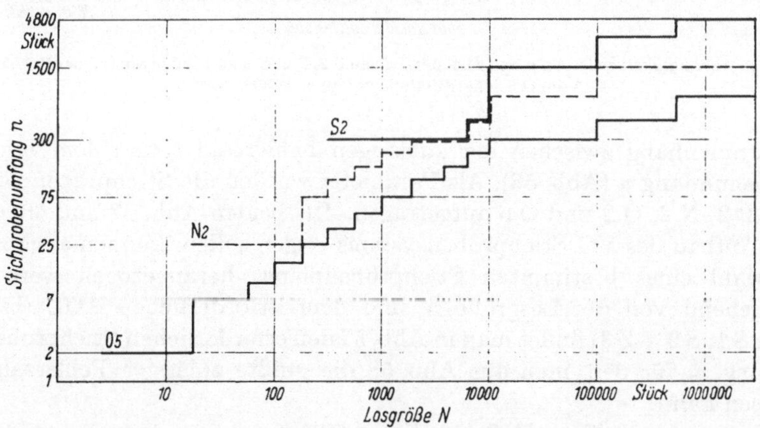

Abb. 57. Abhängigkeit zwischen N und n bei den Plänen S 2, N 2 und O 2 des VG 95083 in doppelt logarithmischem Papier aufgetragen.

störende Prüfung wird zur Beurteilung von Werkstücken angewendet, deren Funktionsfähigkeit erst bei der Zerstörung erkennbar wird (z.B. Streichholz, Sprengkörper, Blitzlampe).

Der Stichprobenumfang der VG-Pläne ist sowohl nach dem Anwendungsbereich als auch nach der Losgröße abgestuft. Abb. 57 zeigt die Stufung der Pläne S2, N2 und O5 in doppelt logarithmischem Maßstab. Auf doppelt logarithmischem Papier ergibt sich ferner ein fast linearer

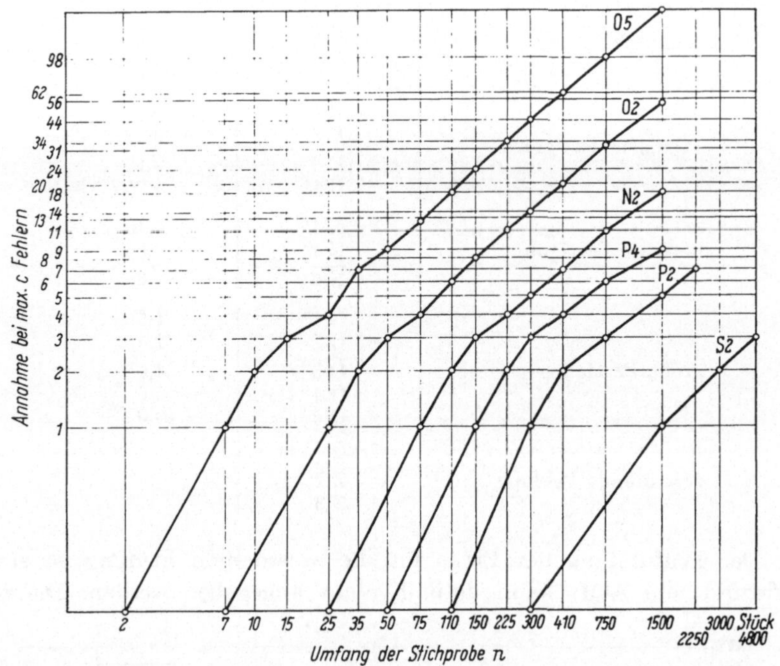

Abb. 58. Abhängigkeit zwischen n und c bei den Plänen S 2, P 2, N 2 und O 2 sowie O 5 des VG 95083 in doppelt logarithmischem Papier aufgetragen.

Zusammenhang zwischen der zulässigen Fehlerzahl c und dem Stichprobenumfang n (Abb. 58). Als Parameter wurden die Stichprobenpläne S 2, P 2, N 2, O 2 und O 5 aufgetragen. Die beiden Abb. 57 und 58, die den Aufbau des VG-Stichprobensystems zeigen sollen, können auch zur Auswahl eines bestimmten Stichprobenplanes herangezogen werden. Ausgehend von der Losgröße N und dem erforderlichen AQL (bzw. Plan S 1, S 2 ··· Z 3) findet man in Abb. 57 den erforderlichen Stichprobenumfang n, für den man aus Abb. 58 die größte zulässige Fehlerzahl c ablesen kann.

Es wurde erwähnt, daß bei diesem Stichprobensystem die größere Lieferung durch Anwendung einer größeren Stichprobe schärfer beurteilt wird als eine kleine. Das geht auch aus Abb. 59 hervor, in der die Kennlinien der Pläne P 2 für verschiedene Losgrößen aufgetragen wurden.

In Abb. 60 findet man die Operationscharakteristiken der vorzugsweise zu verwendenden Pläne S 2, P 2, P 4, N 2 und O 2 für eine bestimmte Losgröße (551 $\lesssim N \lesssim$ 1000). In dieses Diagramm wurden auch

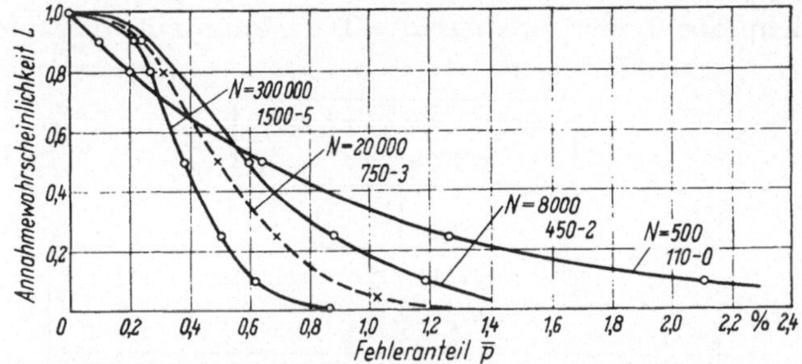

Abb. 59. Kennlinien des VG-Plans P 2 für vier verschiedene Losgrößen.

die den Plänen zugeordneten AQL-Werte eingetragen, die keineswegs immer einer 95%igen Annahmewahrscheinlichkeit entsprechen.

Wie bei anderen Stichprobenplänen, so hat man auch beim VG-Plan die Wahl zwischen dem einfachen oder einem doppelten Stichprobenplan. Bei ersterem wird die Entscheidung zwischen gut und

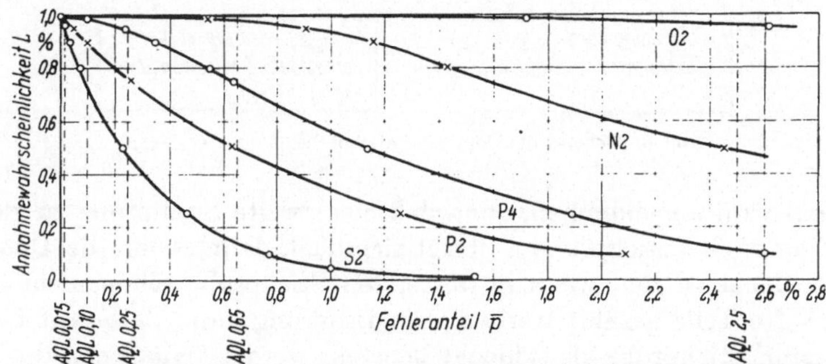

Abb. 60. Kennlinien der VG-Pläne S 2, P 2, P 4, N 2 und O 2 für N = 551···1000.

schlecht, d.h. zwischen Annahme und Rückweisung oder Annahme und 100%igem Aussortieren nach dem Ergebnis einer einzigen Stichprobe getroffen. Beim doppelten Stichprobenplan kann die Entscheidung bis zu einer zweiten Stichprobe hinausgeschoben werden, wenn das Ergebnis der ersten Stichprobe unsicher ist. Spricht das Ergebnis der ersten Stichprobe hingegen eindeutig für eine gute oder schlechte Qualität, so kann auf die Entnahme einer zweiten Stichprobe verzichtet werden. Während der einfache Stichprobenplan durch die Größen n und c beschrieben wird, ist der doppelte Stichprobenplan durch n, c_1 und c_2 charakterisiert. Die Wirkungsweise des doppelten Stichprobenplanes soll an einem Beispiel gezeigt werden:

Für einen Lieferumfang von $N = 18000$ lautet der doppelte Plan für P 2 (AQL = 0,1): 500–1–5. Zunächst wird der Lieferung eine erste Stichprobe aus $n = 500$ Teilen entnommen und geprüft. Findet man in dieser Stichprobe 0 oder 1 fehlerhafte Teile, dann gilt die Lieferung als

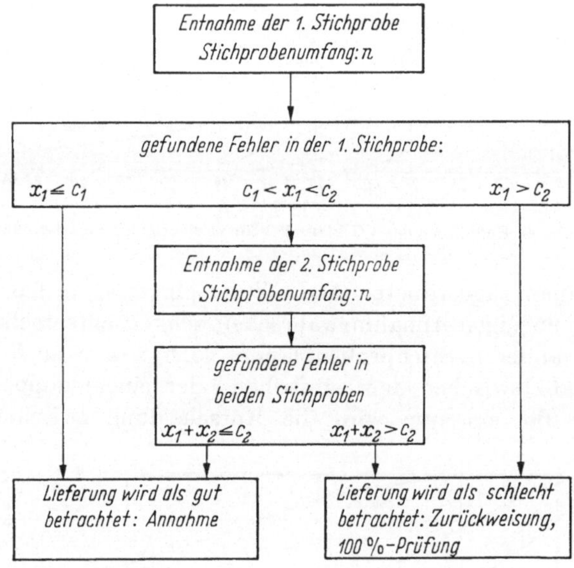

Abb. 61. Schema des doppelten Stichprobenplans $n - c_1 - c_2$.

gut und wird angenommen, ohne daß eine zweite Stichprobe zu ziehen ist. Eine zweite Stichprobe erübrigt sich auch dann, wenn die Qualität sehr schlecht ist und wenn in der ersten Stichprobe schon mehr als 5 fehlerhafte Teile gezählt werden. Die Lieferung kann dann auf Grund der ersten Stichprobe als schlecht beurteilt werden. Nur wenn die Zahl der in der ersten Stichprobe gefundenen fehlerhaften Teile größer als 1 und kleiner oder gleich 5 ist, muß der Lieferung eine zweite Stichprobe mit wiederum 500 Teilen entnommen werden. (Bei den VG-Plänen sind erste und zweite Stichprobe je gleich groß.) Bei der Beurteilung der zweiten Stichprobe werden die in der ersten Stichprobe gefundenen Fehler mitgezählt. In Abb. 61 ist das Schema des doppelten Stichprobenplanes $n - c_1 - c_2$ wiedergegeben. Die Stichprobenpläne wurden so aufeinander abgestimmt, daß die Operationscharakteristiken für einfachen und doppelten Stichprobenplan jeweils gleich verlaufen. Tab. 9 enthält die einfachen und doppelten Stichprobenpläne des Prüfplans P 2 für verschiedene Losgrößen. Aus dieser Tabelle erkennt man, daß die einfachen Stichproben jeweils um die Hälfte größer sind als eine der doppelten Stichproben.

Wenn die Entscheidung zwischen gut und schlecht schon nach der ersten Stichprobe gefällt werden kann, ist der Prüfaufwand bei Anwendung der doppelten Stichprobe geringer. Bei mittelmäßiger Qualität der

Tabelle 9. *Stichprobenpläne P 2 des VG 95083*

Losgröße N	Einfacher Stichprobenplan $n-c$	Doppelter Stichprobenplan $n-c_1-c_2$
1 bis 100	100%	100%
101 bis 1800	110–0	110–0
1801 bis 5500	300–1	200–0–2
5501 bis 10000	450–2	300–1–2
10001 bis 32000	750–3	500–1–5
32001 bis 550000	1500–5	1000–2–8
550000 bis 1000000	2250–7	1500–4–12
über 1000000	3000–8	2000–5–12

zu beurteilenden Lieferungen wird der Prüfumfang größer sein als bei der einfachen Stichprobe.

Bei der Berechnung der Operationscharakteristik wird vorausgesetzt, daß eine Lieferung nur einmal zur Beurteilung vorgelegt wird. Es kommt jedoch vor, daß der Besteller eine Lieferung ein zweites Mal prüft, wenn diese nach der ersten Prüfung abgelehnt und vom Lieferanten darauf ein zweites Mal unverändert vorgelegt wird. Damit würde sich die Annahmewahrscheinlichkeit bei unveränderter Qualität der Lieferung insgesamt erhöhen. Abb. 62 zeigt in schematischer Übersicht, daß die Annahmewahrscheinlichkeit einer schlechten Lieferung nach viermaliger unveränderter Vorlage insgesamt 59% beträgt, obwohl sie bei der ersten Vorlage nur mit

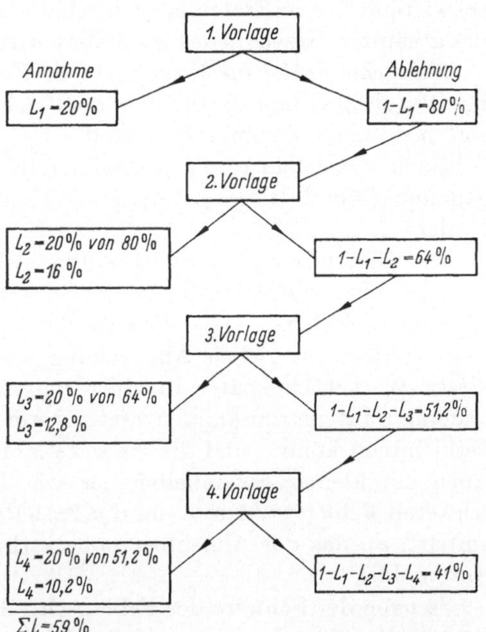

Abb. 62. Steigerung der Annahmewahrscheinlichkeit einer schlechten Lieferung nach mehrmaliger Vorlage.

20%iger Wahrscheinlichkeit angenommen worden wäre. Nach Gl. (30) ergibt sich die Gesamtwahrscheinlichkeit aus der Summe der Einzelwahrscheinlichkeiten: $L = L_1 + L_2 + L_3 + L_4 = 20\% + 16\% + 12{,}8\% + 10{,}2\% = 59\%$. Deshalb sieht der VG-Plan vor, daß der Lieferant Partien, die er ein zweites Mal vorlegt, kennzeichnen muß, damit sie vom Besteller schärfer geprüft werden können.

Bei der Attributivprüfung werden die fehlerhaften Teile innerhalb der Stichprobe gezählt. Die Entscheidung, ob ein Werkstück als gut oder als fehlerhaft gilt, kann von einem einzigen oder von mehreren Qualitätsmerkmalen abhängig gemacht werden. Mißt man den einzelnen Fehlern gleiches Gewicht bei, dann reicht zur Beurteilung der Lieferung ein einziger Stichprobenplan aus. Will man das Los jedoch nach den einzelnen Fehlerarten gesondert beurteilen, so muß man für jedes Qualitätsmerkmal einen gesonderten Plan verwenden. Die Qualitätsbeurteilung läßt sich aber vereinfachen, wenn man die einzelnen Fehler gruppenweise zusammenfaßt [*B 11*]. Vielfach genügt eine grobe Einteilung mit drei Fehlerklassen:

1. *Schwere Fehler* für Fehler, durch die Menschenleben gefährdet sind oder durch die größere Folgeschäden entstehen können.

2. *Mittlere Fehler* für Fehler, die die Funktionstüchtigkeit beeinträchtigen, durch die ein Bauteil vorzeitig ausfällt, durch die Montageschwierigkeiten auftreten oder durch die der Wert einer Baugruppe oder des gesamten Erzeugnisses gemindert wird.

3. *Leichte Fehler* für Fehler, die die Funktion des Erzeugnisses nicht beeinträchtigen und die als Schönheitsfehler angesehen werden können, sofern sie nicht wertmindernd sind.

Nach einer feineren Unterteilung [*Z 1*] werden fünf Fehlerklassen genannt: überkritische, kritische, Haupt-, Neben- und belanglose Fehler.

Die Einstufung der Fehler ergibt sich vielfach erst aus dem Verwendungszweck des Werkstückes. So kann Grat an einem Werkstück als Schönheitsfehler angesehen werden und als leichter Fehler klassifiziert werden. Die gleiche Abweichung wird zum schweren Fehler, wenn dieses Werkstück später in einer automatischen Montageeinheit mit anderen Bauteilen zusammengesetzt werden soll und infolge seines Grates verklemmen könnte und die gesamte Montageeinheit stillsetzen würde. Auch ein kleiner Schönheitsfehler wie Farbabweichungen kann zum schweren Fehler werden, wenn die Farbabweichung an einem Erzeugnis auftritt, an das der Abnehmer hohe ästhetische Ansprüche stellt (z.B. Automobil).

Je nach der Schwere der Fehler wird die Gutgrenze festzulegen sein. Fehler, die Menschenleben gefährden oder die hohe Folgeschäden verursachen können, erfordern eine 100%ige Prüfung. Für mittlere Fehler könnte ein Stichprobenplan mit einer Gutgrenze im Bereich von 0,015 bis 1,5 und für leichte Fehler ein AQL > 1,5 gewählt werden. Diese Angaben sind aber nur als Anhaltswerte zu betrachten.

Für die praktische Durchführung der Stichprobenprüfung empfiehlt es sich, für jedes Werkstück eine Prüfkarte anzulegen, auf der die zu prüfenden Qualitätsmerkmale und die entsprechenden Gutgrenzen fest-

Fertigungs-Plan Prüf-Plan Zeichgs.-Nr.: .... Blatt von ....

Zeile	Arb. Folge	I Beschreibung der Prüfung	II Prüf-art [1]	Prüf-mittel	III Anz.	Prüfmittel	Richtzeit Min./Stck.
1							
2	218	Maß 35 $^{\Phi}$ K5 = 35,002/35,013	B	HU	1	Fühlhebelrachenlehre	
3					1	Einstellmeister 37-U-1174/401	
4							
5		Maß 25 $^{\Phi}$ j5 = 24,996/25,005	B	HU	1	Fühlhebelrachenlehre	
6					1	Einstellmeister 37-U-1174/400	
7							
8							
9	248	Maß 31,0 − 0,1	C	mV	1	Kontrollvorrichtung 37-V-12413	
10					1	Einstellmeister EM 37-V-12413/3	
11							
12		Maß über 2 Rollen 34,383/34,447	A 10	mV	1	Kontrollvorrichtung 37-V-12498	
13					1	Einstellmeister EM3-37-V-12498	
14							
15		Funktionsprüfung der Kerbverzahnung	A 10	L	je 1	Lehrring „Gut u. Ausschuß" 37-V-12548/10	
16							
17		Funktionsprüfung der Kerbverzahnung (Maß 32,2 $^{\Phi}$ −0,05)	A	L	1	Lehrring 37-V-45126	
18							
19							
20		Maß 5 N 10 = 4,952/5,000	A 10	L	1	Lehre 37-V-444/4	
21		Maß 5,8 + 0,3	A 10	L	1	Lehre 37-V-12370/3	
22		Maß 5,03 mcx. (Sondermaß)	−	L	1	Lehre 37-V-444/5	
23							
24							
25		Gewinde M 22 × 1,5	A	L	1	Gew. Gr. R. L. M 22 × 1,5 mL	
26							
27		Gewinde M 35 × 1,5	A	L	1	Gew. Gr. R. L. M 35 × 1,5 mL	
28							
29							
30							
31							
32							
33							
34							

Änderung in Zeile: / Datum: — Insp. — Genehmigt — Plg.

Prüfart: A ... = Stichprobe B = fliegende Kontrolle C = 100% − Prüfung

M = Mehrfachmeßgerät
mV = Meßvorrichtung
mR = Meßvorrichtung für Rohteil
HU = handelsübliches Meßzeug mit Feinzeiger oder Meßuhr

H = handelsübliches Meßzeug
V = Prüfvorrichtung
R = Prüfvorrichtung für Rohteil
L = Grenzlehre
S = Sondereinrichtung

[1] Prüfart: A ... siehe besonderen Schlüssel

Abb. 63. Prüfkarte zur Attributiv-Stichprobenprüfung.

gehalten werden. Diese in Abb. 63 gezeigte Prüfkarte enthält ferner Angaben über die Prüfmethode und das Prüfgerät.

6.1.2 Stichprobenpläne für meßbare Qualitätsmerkmale (Variable)

Viele Qualitätsmerkmale wie Aussehen, Funktionstüchtigkeit, Sauberkeit usw. sind nur prüfbar, andere wie Länge, Oberflächenkennwert, Werkstoffeigenschaft oder Zuverlässigkeit lassen sich messen. Sie gestatten unter bestimmten Voraussetzungen die Anwendung eines Stichprobenplanes für meßbare Qualitätsmerkmale. Die Beurteilung der Qualität durch Messen von meßbaren Qualitätsmerkmalen wird auch als Variablenprüfung bezeichnet. Gegenüber der Qualitätsbeurteilung nach Attributen bietet die nach Variablen bei gleichem Stichprobenumfang eine größere Sicherheit. Andererseits genügt zur Qualitätsbeurteilung bei gleicher statistischer Sicherheit für die Variablenprüfung eine kleinere Stichprobe. So entspricht der Attributiv-Stichprobenplan 75–2 mit $n = 75$ dem Variablen-Stichprobenplan 16–1,846 mit $n = 16$. Für die Anwendung eines Variablen-Stichprobenplanes müssen bestimmte Voraussetzungen erfüllt sein:

1. Die für die Beurteilung der Qualität zugrunde gelegte Merkmalsgröße muß meßbar sein.

2. Die Merkmalswerte dieser Merkmalsgröße sollen normal verteilt sein. Qualitätsmerkmale, deren Merkmalswerte schief verteilt sind oder die durch Aussortieren des Lieferers keine kontinuierliche Verteilung ergeben, können nur attributiv beurteilt werden.

3. Die technischen Voraussetzungen für die messende Qualitätsbeurteilung müssen erfüllt sein. Das bezieht sich sowohl auf die Meßgeräte als auch auf den Ausbildungsstand der Prüfer, von denen bei Variablenprüfung eine größere Schreib- und Rechenarbeit verlangt wird als bei der Attributivprüfung.

Da die Messung gewöhnlich aufwendiger ist als die Prüfung und da häufig sehr viele Qualitätsmerkmale zur Qualitätsbeurteilung herangezogen werden müssen, kann der wirtschaftliche Erfolg der Variablenprüfung, der in der kleineren Stichprobe begründet ist, in Frage gestellt sein. Dieser Umstand ist sicher daran beteiligt, daß sich die Variablenprüfung nur sehr zögernd in den Betrieben einführt. Wenn aber nur ein einziges Qualitätsmerkmal entscheidend ist, kann die Variablenprüfung Vorteile bringen.

Bei der Beurteilung eines Loses nach einem meßbaren Qualitätsmerkmal wird nach den Meßwerten einer Stichprobe festgestellt, ob die Toleranz wahrscheinlich eingehalten oder unzulässig überschritten wird. Häufig sind für Qualitätsmerkmale Größt- oder Kleinstwerte vorgeschrieben, d.h., sie sind einseitig toleriert (z.B. Mindestzugfestigkeit oder -bruchdehnung, maximale Rauhtiefe, Mindestfüllgewicht). Die geometrischen Größen eines Werkstückes sind meistens zweiseitig toleriert.

Bereits die auf S. 60 erwähnte Lot-Plot-Methode ist eine Möglichkeit, um mit mehreren Stichproben die Qualität einer Lieferung zu beurteilen. Sofern das zu beurteilende Los homogen ist, kann es auf Grund einer einzigen Stichprobe beurteilt werden. Hierzu gibt es bestimmte Prüfpläne.

Ein Variablen-Stichprobenplan wird durch den Stichprobenumfang n und einen Faktor k zur Berechnung des Streubereichs festgelegt. Für ein bekanntes Streuungsmaß σ ergibt sich mit Hilfe des Mittelwertes $\bar{x}$ der Streubereich der Meßwerte zu: $\bar{x} \pm k\,\sigma$. Hierbei hängt der Faktor k von der statistischen Sicherheit S und vom Stichprobenumfang n ab. Je größer der Stichprobenumfang ist, um so zuverlässiger ist der Mittelwert der Meßwerte und um so kleiner kann der Streubereich angenommen werden.

Die Entscheidung zwischen gut und schlecht oder zwischen Annahme und Rückweisung einer Lieferung wird bei der Variablenprüfung davon abhängig gemacht, ob die Toleranzgrenzen außerhalb oder innerhalb des Streubereichs liegen. Befinden sich die Toleranzgrenzen außerhalb des Streubereichs, d.h. sind:

$$T_o \geqq \bar{x} + k\sigma \qquad (64)$$

und

$$T_u \leqq \bar{x} - k\sigma, \qquad (65)$$

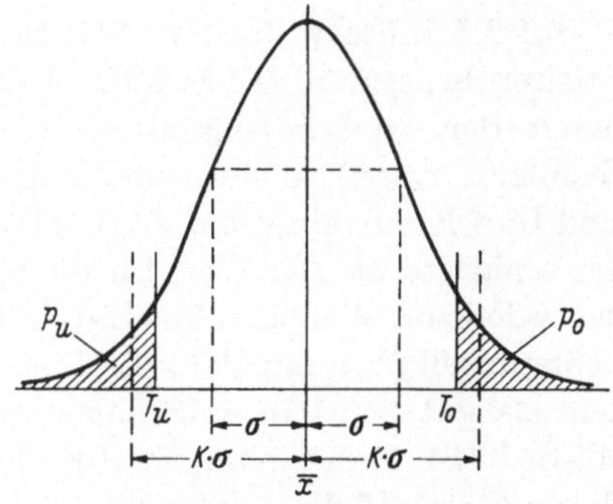

Abb. 64. Entscheidungsgrundlage der Variablen-Stichprobenpläne.

dann gilt die Lieferung als gut und wird angenommen. Sobald der Streubereich über die obere oder über die untere Toleranzgrenze hinausgeht, muß das Los als schlecht beurteilt und zurückgewiesen werden. Abb. 64 zeigt die Häufigkeitsverteilung der Merkmalswerte eines unendlich großen Kollektivs, bei dem infolge der zu großen Streuung sowohl obere als auch untere Toleranzgrenze unzulässig überschritten werden. Wie man aus dieser Darstellung erkennt, kann aus $\bar{x}$, k, σ, T_o und T_u der zu erwartende Ausschußteil p_o und p_u geschätzt werden. Vergleicht man die Summe dieser beiden Fehleranteile p_o und p_u mit einem zulässigen Fehleranteil p_{zul}, so ergibt sich damit ein weiteres Annahmekriterium:

$$p_o + p_u \leqq p_{zul}. \qquad (66)$$

Dieses Annahmekriterium kann auch für ein zweiseitig toleriertes Qualitätsmerkmal verwendet werden. Die unter Gl. (64) und (65) genannten Annahmekriterien dürfen nämlich eigentlich nur für ein einseitig toleriertes Qualitätsmerkmal benutzt werden. In der Praxis wendet man sie zuweilen auch nacheinander auf die beiden Toleranzgrenzen eines zweiseitig tolerierten Qualitätsmerkmals an.

Es gibt Stichprobenpläne zur Beurteilung einer meßbaren Größe, deren Streuungsmaß σ bekannt ist und sich über einen längeren Zeitraum nicht ändert ($\bar{x}$-σ-Plan). Wenn Lieferungen zu beurteilen sind, die von verschiedenen Lieferanten stammen, darf nicht mit einem bekannten Streuungsmaß gerechnet werden. Es ist dann vielmehr notwendig, die Streuung jeweils aus Stichproben zu berechnen. Die Streuung kann bekanntlich als Standardabweichung s berechnet oder aus der mittleren Spannweite $\bar{R}$ aus Unterstichproben geschätzt werden. Entsprechend ergeben sich hierfür der $\bar{x}$-s-Plan und der x-R-Plan. Diese drei Pläne fanden in dem umfangreichen Variablen-Stichprobensystem des amerikanischen Heeres, dem Military Standard 414 (Mil-Std-414) ihren Niederschlag [*B 17*].

6.1.2.1 Military Standard 414. Der Mil-Std-414 wurde dem Attributiv-Stichprobensystem Mil-Std-105 A (VG 95083) angepaßt. Wie bei diesem hängt der Stichprobenumfang n nicht nur von der Kontrollschärfe (Kontrollniveau), sondern auch von der Losgröße N ab. Beim Mil-Std-414 sind fünf Kontrollniveaus I, II, III, IV und V vorgesehen, von denen V das schärfste ist. Der Wert für die Gutgrenze beeinflußt nicht n, sondern den k-Faktor. Wie beim Mil-Std- 105 A kennzeichnet der AQL-Wert den Fehleranteil (%), mit dem die Lieferungen zu 95%iger Wahrscheinlichkeit als gut beurteilt und angenommen werden. In den Tabellen des Mil-Std-414 findet man Stichprobenpläne für 14 verschiedene AQL-Werte (0,04···15,0).

Bevor die Anwendung dieses Variablen-Stichprobenplanes an einem einfachen Beispiel erläutert wird, soll der Aufbau des umfangreichen und deshalb etwas undurchsichtigen Tabellenwerkes des Mil-Std-414 dargestellt werden (Abb. 65). Es zerfällt in die drei Hauptsysteme für unbekanntes und bekanntes Streuungsmaß, bei denen jeweils die Fälle der einseitig oder zweiseitig vorgegebenen Toleranzgrenze unterschieden werden. Unter Berücksichtigung der beiden Annahmekriterien Gl. (64), (65) und (66) ergeben sich neun verschiedene Modifikationen.

Für jede dieser Modifikationen findet man eine große Anzahl von Stichprobenplänen, die nach der Stichprobengröße und nach der Gutgrenze gestaffelt sind. Eine weitere Variante ergibt sich dadurch, daß in jedem System Pläne für normale, verschärfte und abgeschwächte Beurteilung vorgesehen sind. Die Entscheidung, ob normal, verschärft oder abgeschwächt geprüft werden soll, hängt von einigen Zusatzbedingungen ab, die in Abb. 66 erwähnt sind. Diese Abbildung zeigt gleichzeitig, wie die Tabellen des Mil-Std-414 zu handhaben sind. Die angegebenen Bezeichnungen A–1, A–2, C–1 usw. beziehen sich auf die

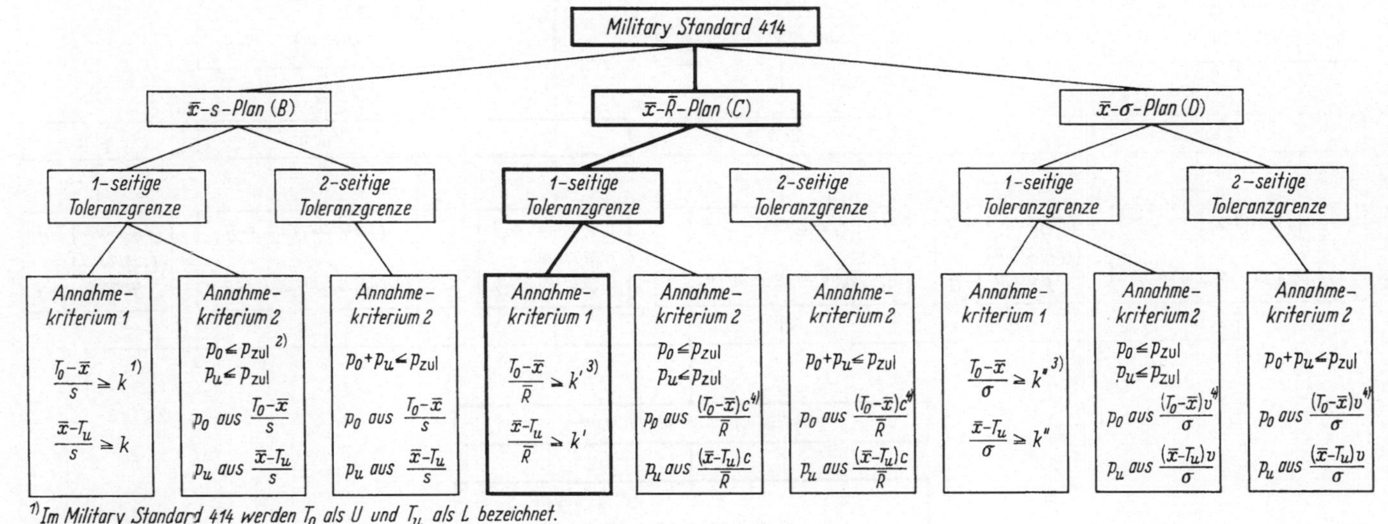

1) Im Military Standard 414 werden T_0 als U und T_u als L bezeichnet.

2) p_{zul} entspricht M.

3) Im Military Standard 414 wird dieser Faktor mit k bezeichnet, obwohl die entsprechenden Faktoren der Pläne B und D die gleiche Bezeichnung tragen.

4) Die Faktoren c und v dienen zur Ermittlung von p_0 und p_u.

Abb. 65. Aufbau des Variablen-Stichprobenplans Mil-Std-414.

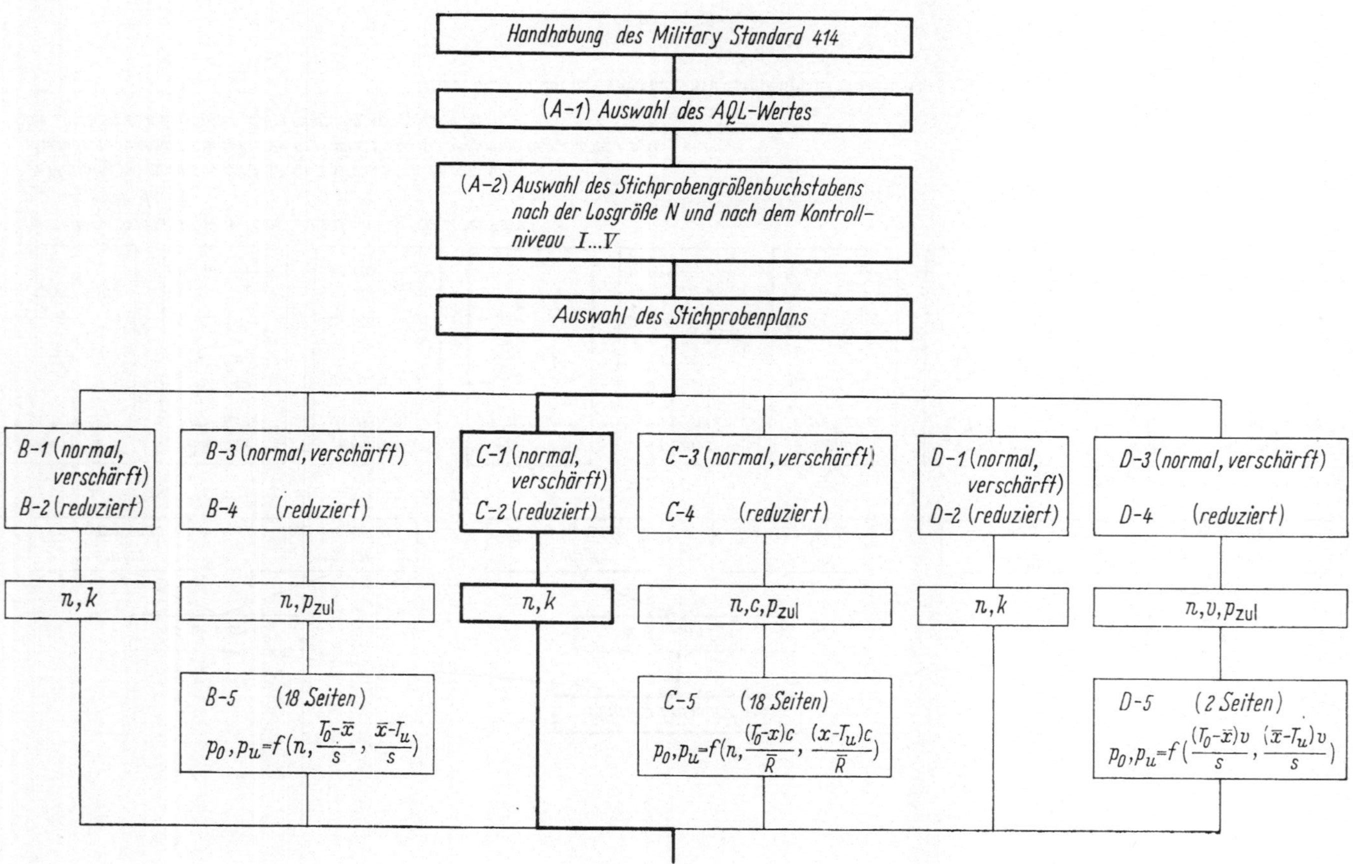
Handhabung des Military Standard 414
(A-1) Auswahl des AQL-Wertes
(A-2) Auswahl des Stichprobengrößenbuchstabens nach der Losgröße N und nach dem Kontrollniveau I...V
Auswahl des Stichprobenplans
B-1 (normal, verschärft) B-2 (reduziert)
n, k
B-3 (normal, verschärft) B-4 (reduziert)
n, pzul
B-5 (18 Seiten)
po, pu = f(n, (To-x̄)/s, (x̄-Tu)/s)
C-1 (normal, verschärft) C-2 (reduziert)
n, k
C-3 (normal, verschärft) C-4 (reduziert)
n, c, pzul
C-5 (18 Seiten)
po, pu = f(n, (To-x)c/R̄, (x-Tu)c/R̄)
D-1 (normal, verschärft) D-2 (reduziert)
n, k
D-3 (normal, verschärft) D-4 (reduziert)
n, v, pzul
D-5 (2 Seiten)
po, pu = f((To-x̄)v/s, (x̄-Tu)v/s)

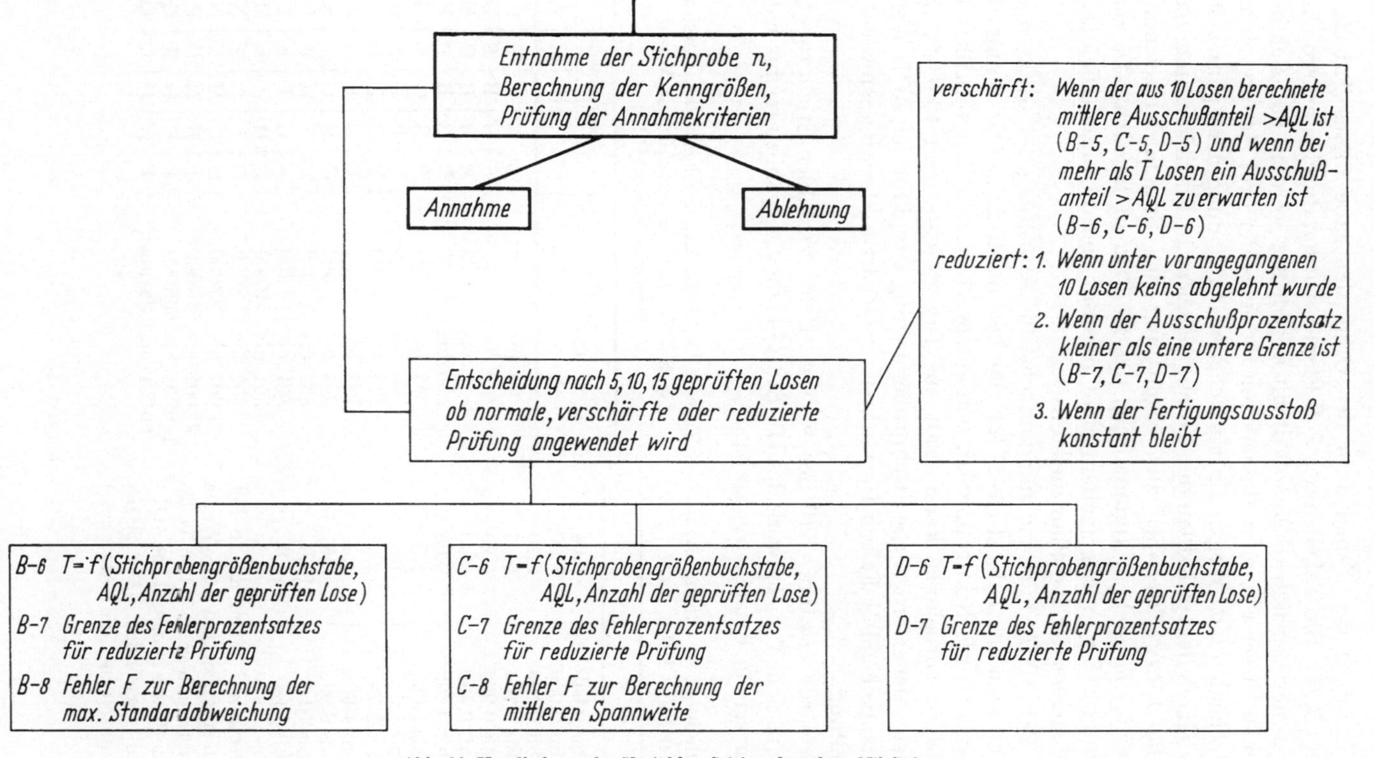

Abb. 66. Handhabung des Variablen-Stichprobenplans Mil-Std-414.

Bezeichnungen der Tabellen in der Originalausgabe dieses Tabellenwerkes [*B 17*]. Die Tabellen des $\bar{x}$-R-Planes wurden durch stärkere Umrandung hervorgehoben. Es soll damit angedeutet werden, daß sich der Anwender dieser Pläne im allgemeinen für eines der drei Hauptsysteme zu entscheiden hat. Wegen der einfacheren Berechnung der Spannweite wird vielfach dem $\bar{x}$-R-Plan der Vorzug gegeben. In Betrieben, in denen einfache Einzweckrechner zur Ermittlung der Standardabweichung zur Verfügung stehen, kommt auch der $\bar{x}$-s-Plan in Betracht. Da das Streuungsmaß σ im allgemeinen nicht bekannt und unveränderlich sein wird, scheidet der $\bar{x}$-σ-Plan meistens aus.

In Tab. 10 (A–1) findet man zunächst die Abstufung der Gutgrenze, während man aus Tab. 11 (A–2) für eine bestimmte Losgröße N und für ein vorgegebenes Kontrollniveau den entsprechenden Stichprobenkennbuchstaben entnehmen kann. Erst aus Tab. 12 (C–1) und 13 (C–2) ergeben sich der erforderliche Stichprobenumfang n und für den AQL-Wert der entsprechende k-Faktor für normale, verschärfte oder abgeschwächte Beurteilung.

Es wurde erwähnt, daß der Anwender der Variablen-Stichprobenpläne aus dem Tabellenwerk des Mil-Std-414 eine Auswahl zu treffen hat. Hierfür sei ein Beispiel angegeben.

Tabelle 10 (A–1). *Abstufung der Gutgrenze beim Mil-Std-414* [*B 17*]

1	2
— — bis 0,049	0,04
0,050 bis 0,069	0,065
0,070 bis 0,109	0,10
0,110 bis 0,164	0,15
0,165 bis 0,279	0,25
0,280 bis 0,439	0,40
0,440 bis 0,699	0,65
0,700 bis 1,09	1,0
1,10 bis 1,64	1,5
1,65 bis 2,79	2,5
2,80 bis 4,39	4,0
4,40 bis 6,99	6,5
7,00 bis 10,9	10,0
11,00 bis 16,4	15,0

Anmerkung: Wenn die in der Spalte 1 spezifizierten AQL-Werte in diesen Streubereich fallen, so ist der in der Spalte 2 angegebene AQL-Wert zu verwenden. (Der AQL-Wert kennzeichnet die Gutgrenze.)

Tabelle 11 (A–2). *Stichprobenkennbuchstaben des Mil-Std-414 für verschiedene N und Kontrollniveaus* [*B 17*]

Losgröße	Kontrollniveau				
	I	II	III	IV	V
3 bis 8	B	B	B	B	C
9 bis 15	B	B	B	B	D
16 bis 25	B	B	B	C	E
26 bis 40	B	B	B	D	F
41 bis 65	B	B	C	E	G
66 bis 110	B	B	D	F	H
111 bis 180	B	C	E	G	I
181 bis 300	B	D	F	H	J
301 bis 500	C	E	G	I	K
501 bis 800	D	F	H	J	L
801 bis 1300	E	G	I	K	L
1301 bis 3200	F	H	J	L	M
3201 bis 8000	G	I	L	M	N
8001 bis 22000	H	J	M	N	O
22001 bis 110000	I	K	N	O	P
110001 bis 550000	I	K	O	P	Q
550001 und darüber	I	K	P	Q	Q

Tabelle 12 (C–1). *Variablen-Stichprobenpläne des Mil-Std-414 für normale und verschärfte Beurteilung* [B 17]

Stichproben-größen Kenn-buchstabe	Stich-proben-größe	Gutgrenzen (AQL-Werte bei normaler Prüfung)													
		0,04	0,065	0,10	0,15	0,25	0,40	0,65	1,00	1,50	2,50	4,00	6,50	10,00	15,00
		k	*k*	*k*	*k*	*k*	*k*	*k*	*k*	*k*	*k*	*k*	*k*	*k*	*k*
B	3	↓	↓	↓	↓	↓	↓	↓	↓	↓	0,587	0,502	0,401	0,296	0,178
C	4								0,651	0,598	0,525	0,450	0,364	0,276	0,176
D	5	↓	↓	↓	↓	↓	↓	0,663	0,614	0,565	0,498	0,431	0,352	0,272	0,184
E	7					0,702	0,659	0,613	0,569	0,525	0,465	0,405	0,336	0,266	0,189
F	10				0,916	0,863	0,811	0,755	0,703	0,650	0,579	0,507	0,424	0,341	0,252
G	15	1,09	1,04	0,999	0,958	0,903	0,850	0,792	0,738	0,684	0,610	0,536	0,452	0,368	0,276
H	25	1,14	1,10	1,05	1,01	0,951	0,896	0,835	0,779	0,723	0,647	0,571	0,484	0,398	0,305
I	30	1,15	1,10	1,06	1,02	0,959	0,904	0,843	0,787	0,730	0,654	0,577	0,490	0,403	0,310
J	35	1,16	1,11	1,07	1,02	0,964	0,908	0,848	0,791	0,734	0,658	0,581	0,494	0,406	0,313
K	40	1,18	1,13	1,08	1,04	0,978	0,921	0,860	0,803	0,746	0,668	0,591	0,503	0,415	0,321
L	50	1,19	1,14	1,09	1,05	0,988	0,931	0,893	0,812	0,754	0,676	0,598	0,510	0,421	0,327
M	60	1,21	1,16	1,11	1,06	1,00	0,948	0,885	0,826	0,768	0,689	0,610	0,521	0,432	0,336
N	85	1,23	1,17	1,13	1,08	1,02	0,962	0,899	0,839	0,780	0,701	0,621	0,530	0,441	0,345
O	115	1,24	1,19	1,14	1,09	1,03	0,975	0,911	0,851	0,794	0,711	0,631	0,539	0,449	0,353
P	175	1,26	1,21	1,16	1,11	1,05	0,994	0,929	0,868	0,807	0,726	0,644	0,552	0,460	0,363
Q	230	1,27	1,21	1,16	1,12	1,06	0,996	0,931	0,870	0,809	0,728	0,646	0,553	0,462	0,364
		0,065	0,10	0,15	0,25	0,40	0,65	1,00	1,50	2,50	4,00	6,50	10,00	15,00	
		Gutgrenzen (AQL)-Werte bei verschärfter Prüfung)													

Anmerkung: Die AQL-Werte sind als Fehlerprozentsatz ausgewiesen. – Es ist der erste Stichprobenplan unter dem Pfeil, d. h. sowohl die Stichprobengröße als auch der *k*-Wert zu verwenden. Wenn die geforderte Stichprobengröße gleich der Losgröße ist oder diese übersteigen sollte, so bedeutet das, daß jede Einheit im Los geprüft werden muß.

Tabelle 13 (C–2). *Variablen-Stichprobenpläne des Mil-Std-414 für abgeschwächte Beurteilung*[1] [*B 17*]

Stichproben-größen Kenn-buchstabe	Stich-proben-größe	Gutgrenzen (AQL-Werte) 0,04	0,065	0,10	0,15	0,25	0,40	0,65	1,00	1,50	2,50	4,00	6,50	10,00
		k	*k*	*k*	*k*	*k*	*k*	*k*	*k*	*k*	*k*	*k*	*k*	*k*
B	3	↓	↓	↓	↓	↓	↓	↓	↓	0,587	0,502	0,401	0,296	0,178
C	3	↓	↓	↓	↓	↓	↓	↓	↓	0,587	0,502	0,401	0,296	0,178
D	3	↓	↓	↓	↓	↓	↓	↓	↓	0,587	0,502	0,401	0,296	0,178
E	3	↓	↓	↓	↓	↓	↓	↓	↓	0,587	0,502	0,401	0,296	0,178
F	4	↓	↓	↓	↓	↓	↓	0,651	0,598	0,525	0,450	0,364	0,276	0,176
G	5	↓	↓	↓	↓	↓	0,663	0,614	0,565	0,498	0,431	0,352	0,272	0,184
H	7	↓	↓	↓	0,702	0,659	0,613	0,569	0,525	0,465	0,405	0,336	0,266	0,189
I	10	↓	↓	0,916	0,863	0,811	0,755	0,703	0,650	0,579	0,507	0,424	0,341	0,252
J	10	↓	↓	0,916	0,863	0,811	0,755	0,703	0,650	0,579	0,507	0,424	0,341	0,252
K	15	1,04	0,999	0,958	0,903	0,850	0,792	0,738	0,684	0,610	0,536	0,452	0,368	0,276
L	25	1,10	1,05	1,01	0,951	0,896	0,835	0,779	0,723	0,647	0,571	0,484	0,398	0,305
M	25	1,10	1,05	1,01	0,951	0,896	0,835	0,779	0,723	0,647	0,571	0,484	0,398	0,305
N	30	1,10	1,06	1,02	0,959	0,904	0,843	0,787	0,730	0,654	0,577	0,490	0,403	0,310
O	35	1,11	1,07	1,02	0,964	0,908	0,848	0,791	0,734	0,658	0,581	0,494	0,406	0,313
P	60	1,16	1,11	1,06	1,00	0,948	0,885	0,826	0,768	0,689	0,610	0,521	0,432	0,336
Q	85	1,17	1,13	1,08	1,02	0,962	0,899	0,839	0,780	0,701	0,621	0,530	0,441	0,345

[1] Siehe Anmerkung zu Tab. 12.

Beispiel 15. Auswahl von Variablen-Stichprobenplänen aus dem Mil-Std-414

Aus dem Mil-Std-414 sind Stichprobenpläne auszuwählen, mit denen Drehteile nach ihrem Durchmesser beurteilt werden können. Die Werkstücke treten in drei Güteklassen auf, die mit den AQL-Werten 0,1 1,0 und 2,5 beschrieben werden können. Der Losumfang schwankt zwischen 1000 und 10000. Die Pläne sollen einem mittleren Kontrollniveau (III) entsprechen.

Da über ein gleichbleibendes und bekanntes Streuungsmaß nichts bekannt ist, fällt die Wahl auf den $\bar{x}$-$\bar{R}$-Plan. Damit das System möglichst einfach wird, werden die unter Gl. (64) und (65) genannten Annahmekriterien verwendet. Aus gleichem Grund kommen zunächst nur die Pläne zur normalen Qualitätsbeurteilung in Betracht. So findet man aus den Tab. 11 (A–2) und 12 (C–1) für verschiedene N und für die gegebenen AQL-Werte die gesuchten n und k:

N	n	k-Faktoren		
		AQL = 0,1	AQL = 1,0	AQL = 2,5
801 bis 1300	30	1,06	0,787	0,654
1301 bis 3200	35	1,07	0,791	0,658
3201 bis 8000	40	1,08	0,803	0,668
8001 bis 22000	60	1,11	0,826	0,689

Ein weiteres Beispiel soll die Anwendung der ausgewählten Pläne zeigen.

Beispiel 16. Anwendung eines Variablen-Stichprobenplanes

Eine Lieferung von 6750 Kolbenbolzen liege zur Beurteilung vor. Die Qualität der Werkstücke soll ausschließlich von den Durchmessern abhängen, die Gutgrenze sei AQL = 0,1. Die Toleranzgrenzen liegen bei $T_o = 47{,}234$ mm und $T_u = 47{,}216$ mm.

Wird die Lieferung abgenommen, wenn der aus einer Stichprobe berechnete Mittelwert $\bar{x} = 47{,}224$ mm und die aus Untergruppen zu $m = 5$ ermittelte mittlere Spannweite $\bar{R} = 0{,}012$ mm betragen[1]?

Der im vorangegangenen Beispiel gefundenen Tabelle entnimmt man für $N = 6750$ den Stichprobenumfang $n = 40$. Der Lieferung sind also 40 Kolbenbolzen aus allen Verpackungseinheiten und Lagen unter Wahrung des Zufalles zu entnehmen. Die Durchmesser der zufällig ausgewählten 40 Kolbenbolzen werden gemessen und gemittelt. Nach Aufgabenstellung beträgt der Mittelwert $\bar{x} = 47{,}224$ mm und die aus 8 Untergruppen gebildete mittlere Spannweite $\bar{R} = 0{,}012$ mm. Aus der genannten Tabelle ergibt sich ferner der Faktor $k = 1{,}08$. Damit berechnet sich der Streubereich zu:

$$\bar{x} \pm k\,\bar{R} = 47{,}224 \text{ mm} \pm 1{,}08 \cdot 0{,}012 \text{ mm} = 47{,}237 \cdots 47{,}211 \text{ mm}.$$

Da die obere Toleranzgrenze $T_o = 47{,}234$ mm innerhalb des Streubereichs liegt ist die Lieferung gemäß Gl. (64) zu verwerfen. Zudem befindet sich auch die untere Toleranzgrenze $T_u = 47{,}216$ mm im Streubereich. Auch aus diesem Grund allein wäre die Lieferung abzulehnen.

---

[1] Beim Mil-Std-414 soll die mittlere Spannweite aus Unterstichproben zu $m = 5$ bestimmt werden. Eine Ausnahme hiervon sind Stichproben zu $n = 3$, 4 oder 7, die jeweils als eine Unterstichprobe gewertet werden.

Wenngleich der Mil-Std-414 wegen seiner Vielfalt zunächst unübersichtlich erscheint, ist er doch so universell, daß jeder Anwender darin die für ihn zweckmäßigen Pläne findet.

Daneben gibt es einen Variablen-Stichprobenplan, für den der Rechenaufwand besonders gering ist. Bei dem sogenannten Median-Quasispannweiten-Plan liegen der Annahmeentscheidung der Medianwert und die Quasispannweite zugrunde. Für größere Stichproben wird die erste oder zweite Quasispannweite als Differenz des zweitgrößten und -kleinsten oder drittgrößten und -kleinsten Wertes innerhalb der Stichprobe benutzt. Diese Pläne werden in Verbindung mit den Annahmekriterien Gl. (64) und (65) verwendet. Schließlich besteht die Möglichkeit, Variablen-Stichprobenpläne nach STANGE zu berechnen [*Z 19*].

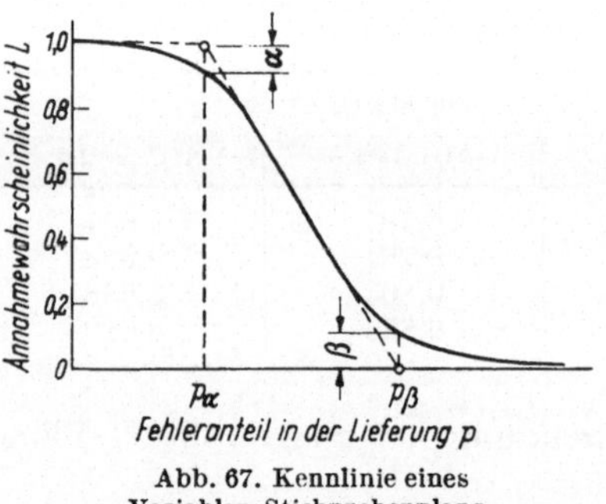

Abb. 67. Kennlinie eines Variablen-Stichprobenplans.

6.1.2.2 Variablen-Stichprobenpläne nach Stange. Abb. 67 zeigt die Operationscharakteristik für einen Variablen-Stichprobenplan. Diese Kennlinie kann durch zwei Grenzqualitäten p_α und p_β beschrieben werden, die den Prüfpunkten der Attributiv-Stichprobenpläne entsprechen. Lieferungen mit den Fehleranteilen p_α und p_β werden mit den Wahrscheinlichkeiten α und β angenommen bzw. abgelehnt. Diese Wahrscheinlichkeiten werden auch als Lieferanten- und Bestellerrisiken bezeichnet. Die Wahrscheinlichkeiten α und β entsprechen den Zufallsvariablen u_α und u_β, die einer Normalverteilung mit $\mu = 0$ und $\sigma = 1$ folgen. Diese Zufallsvariablen werden auch als standardisierte Größen bezeichnet. Ebenso können für die Fehleranteile p_α und p_β die entsprechenden standardisierten Größen $u_{p\alpha}$ und $u_{p\beta}$ bestimmt werden. Hierzu dient die in Tab. 2 (S. 18/19) aufgetragene Summenwahrscheinlichkeit für die Normalverteilung.

Aus den standardisierten Größen für p_α, p_β, α und β kann der Stichprobenumfang eines Variablen-Stichprobenplanes berechnet werden [*Z 19*]:

$$n = \left(\frac{u_\alpha + u_\beta}{u_{p\alpha} - u_{p\beta}}\right)^2. \tag{67}$$

Diese Beziehung für n gilt nur unter der Voraussetzung, daß das Streuungsmaß σ bekannt und unveränderlich ist. Für den $\bar{x}$-s- und $\bar{x}$-R-Plan sind entsprechend größere Stichproben zu ziehen. Dagegen sind die k-Faktoren für alle drei Pläne nach STANGE gleich groß. Auch die k-Faktoren lassen sich aus den standardisierten Größen für p_α, p_β, α

und β berechnen:

$$k = \frac{u_\beta u_{p\alpha} + u_\alpha u_{p\beta}}{u_\alpha + u_\beta}. \tag{68}$$

Tabelle 14. *Annahmekriterien und Bestimmungsgleichungen für n und k für Variablen-Stichprobenpläne* (nach STANGE [*Z 19*])

	$\bar{x}$-σ-Plan	$\bar{x}$-s-Plan	$\bar{x}$-R-Plan
Annahmekriterien	$T_u \leq \bar{x} - k\sigma$	$T_u \leq \bar{x} - ks$	$T_u \leq \bar{x} - \frac{k}{d_n} \cdot \bar{R}^*$
	$T_o \geq \bar{x} + k\sigma$	$T_o \geq \bar{x} + ks$	$T_o \geq \bar{x} + \frac{k}{d_n} \cdot \bar{R}^*$
Bestimmungs-gleichung für k	$k = \frac{u_\beta u_{p\alpha} + u_\alpha u_{p\beta}}{u_\alpha + u_\beta}$		
Bestimmungs-gleichung für n	$n_b = \left(\frac{u_\alpha + u_\beta}{u_{p\alpha} - u_{p\beta}}\right)^2$	$n_s = n_\alpha \left(1 + \frac{k}{2}\right)^2$	$n_R = n_\sigma \times (1 + [k \cdot \delta]^2)$**

* d_n ist eine Konstante zum Schätzen von s aus $\bar{R}$ (Tab. 5, S. 34).
** δ hängt vom Stichprobenumfang der Unterstichproben ab, es beträgt für $m = 5 \cdots 16$: $\delta^2 = 0{,}69$.

In Tab. 14 wurden die Annahmekriterien sowie die Bestimmungsgleichungen für die Größen k und n zusammengestellt, deren Anwendung an nachfolgendem Beispiel gezeigt werden soll:

Beispiel 17. Berechnung eines Variablen-Stichprobenplanes nach Stange

Es ist ein Variablen-Stichprobenplan für ein Lieferantenrisiko von $\alpha = 8\%$ bei einem Fehleranteil von $p_\alpha = 1\%$ sowie für ein Abnehmerrisiko $\beta = 10\%$ bei $p_\beta = 4\%$ zu berechnen, wenn das Streuungsmaß σ als bekannt vorausgesetzt werden darf.

Zunächst sind aus Tab. 2 die standardisierten Größen zu entnehmen:

$$\begin{aligned} p_\alpha &= 0{,}01 \text{ entspricht } u_{p\alpha} = -2{,}32,\\ p_\beta &= 0{,}04 \text{ entspricht } u_{p\beta} = -1{,}75,\\ \alpha &= 0{,}08 \text{ entspricht } u_\alpha = -1{,}4\\ \text{und } \beta &= 0{,}1 \text{ entspricht } u_\beta = -1{,}28. \end{aligned}$$

Hieraus berechnet sich mit Gl. (67) n und aus Gl. (68) der k-Faktor:

$$n = \left(\frac{u_\alpha + u_\beta}{u_{p\alpha} - u_{p\beta}}\right)^2 = \left(\frac{-1{,}4 - 1{,}28}{-2{,}32 + 1{,}75}\right)^2 \approx 22,$$

$$k = \frac{u_\beta u_{p\alpha} + u_\alpha u_{p\beta}}{u_\alpha + u_\beta} = \frac{-1{,}28(-2{,}32) - 1{,}4(-1{,}75)}{-1{,}4 - 1{,}28} \approx 1.98.$$

Der gesuchte Variablen-Stichprobenplan ist also durch die Angabe 22 – 1,98 gekennzeichnet.

Beispiel 18. Anwendung eines Variablen-Stichprobenplanes auf die Beurteilung der Lebensdauer von Glühlampen

Der im vorangegangenen Beispiel berechnete Stichprobenplan 22—1,98 sei die Entscheidungsgrundlage für Annahme oder Ablehnung einer Glühlampenlieferung. Das entscheidende Qualitätsmerkmal der Glühlampen sei die Lebensdauer, die als normal verteilt angenommen wird und deren Streuungsmaß mit $\sigma = 2$ Std. bekannt sein soll. Die geforderte Mindestlebensdauer der Glühlampen betrage $T_u = 25$ Std. Wird die Lieferung angenommen, wenn die aus $n = 22$ Lampen berechnete mittlere Brenndauer $\bar{x} = 28$ Std. beträgt?

Nach Gl. (65) lautet die Annahmebedingung:

$$T_u \leqq \bar{x} - k\,\sigma = 28 \text{ Std.} - 1{,}98 \cdot 2 \text{ Std.} = 24{,}02 \text{ Std.}$$

Da $T_u = 25$ Std. $> 24{,}02$ Std. ist, muß die Lieferung abgelehnt werden.

In dem zuletzt erwähnten Beispiel wurde angenommen, daß die Lebensdauer normal verteilt ist. Der zeitliche Verlauf des Ausfallsatzes, der auch die Zuverlässigkeit charakterisiert, weicht bei vielen Erzeugnissen ganz erheblich von der Normalverteilungskurve ab. In Hinblick auf die in neuen Zweigen der Technik (z. B. Datenverarbeitung, Raumfahrt) geforderte sehr hohe Zuverlässigkeit sei nachfolgend auf dieses Qualitätsmerkmal besonders eingegangen.

6.1.2.3 Beurteilung der Zuverlässigkeit. Nach der Vornorm DIN 40040 ist die Betriebszuverlässigkeit von Erzeugnissen durch einen einer bestimmten Betriebszeit zugeordneten mittleren Ausfallsatz gekennzeichnet, wobei während der Betriebszeit bestimmte Betriebsbedingungen geherrscht haben, die eindeutig festzulegen sind. Statt der Betriebszeit können auch andere Bezugsgrößen wie Anzahl von Schaltspielen, Umdrehungen, zurückgelegter Weg usw. zugrunde gelegt werden. Bei der Prüfung der Zuverlässigkeit elektrischer Bauelemente (z. B. Kondensatoren) beobachtet man zuweilen den Ausfallsatz bei Bedingungen, die schärfer sind als die üblichen Betriebsbedingungen. Dadurch soll die Versuchszeit gerafft werden [*Z 21*].

Der erwähnte mittlere Ausfallanteil bezieht sich auf Stichproben aus dem zu beurteilenden Kollektiv, die so groß sein müssen, daß im Versuchszeitraum mindestens 10 Ausfälle zu erwarten sind. Nach der Vornorm DIN 40040 ist ferner die Zahl der Stichproben festzulegen, aus denen der mittlere Ausfallanteil zu berechnen ist. Zusätzlich kann noch ein in einer einzelnen Stichprobe auftretender höchstzulässiger Ausfallanteil vereinbart werden. Schließlich ist zu definieren, was unter Ausfall verstanden wird. Nicht immer wird der Totalausfall (Erzeugnis wird völlig unbrauchbar), sondern der Toleranzausfall (Erzeugnis wird hinsichtlich einer Eigenschaft unbrauchbar oder bedingt brauchbar) zugrunde gelegt.

In der amerikanischen Norm Mil-Std-105 B wurden Stichprobenpläne für die Prüfung der Zuverlässigkeit genormt. Abhängig vom

Lieferumfang N und von der Gutgrenze AQL werden der erforderliche Stichprobenumfang n und die Annahmezahl c angegeben.

Weitere Stichprobenpläne zur Beurteilung der Zuverlässigkeit wurden vom amerikanischen Verteidigungsministerium herausgegeben. Diese lassen folgende Versuchsanordnungen zu [*B 26*]:

1. Der Versuch wird beendet, wenn eine bestimmte Zahl von Ausfällen erreicht ist. Die mittlere Lebensdauer der ausgefallenen Erzeugnisse ist mit einem festgegebenen Mindestwert zu vergleichen.

2. Der Versuch wird nach einer vorgegebenen Zeit abgeschlossen. Die Zahl der Ausfälle wird mit einem Höchstwert verglichen.

3. Der Versuch wird als Folgetest so lange fortgeführt, bis das festgestellte Verhältnis aus Ausfällen und Versuchszeit eine eindeutige Entscheidung zuläßt. Während des Versuchs werden die ausgefallenen Erzeugnisse jeweils durch neue ersetzt.

Die Lebenserwartung der Erzeugnisse, die einem Zuverlässigkeitstest unterworfen wurden, ist infolge der Abnutzung geringer als die der ungeprüften. Infolgedessen dürften meistens auch die nicht ausgefallenen Erzeugnisse einer Stichprobe zu dem vorgesehenen Zweck nicht verwendet werden.

Durch die erwähnten Tests können nur einzelne Punkte der Ausfallkurve geprüft werden. Die Ausfallkurve wird auch Abgangskurve genannt, sie stellt den zeitlichen Verlauf des Anteils an überlebenden Bauteilen dar. Der Zeitraum, bis zu dem das letzte Erzeugnis einer Stichprobe ausgefallen ist, kann sehr groß sein. Infolgedessen hätte ein Ausgleichsverfahren, das den Verlauf der Abgangslinie aus einem Anfangsstück vorauszusagen gestattet, große wirtschaftliche Bedeutung. Nach Stange [*Z 20*] ist der umfangreiche Aufwand numerischer Ausgleichsverfahren aber nur selten gerechtfertigt.

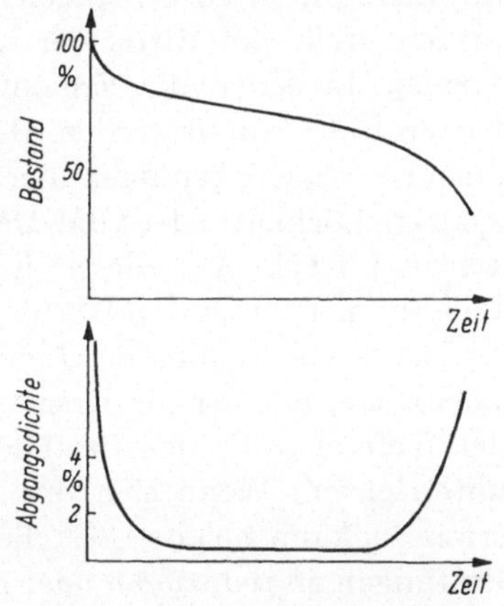

Abb. 68. Zeitlicher Verlauf von Bestand und Abgangsdichte eines technischen Erzeugnisses (nach Wilde [*Z 21*]).

Vielfach wird deshalb versucht, die Funktion der Abgangsdichte, die sich als zeitliche Ableitung der Abgangslinie ergibt, durch eine Normalverteilung [*B 22*] oder durch eine logarithmische Normalverteilung anzugleichen. Die Abgangsdichte ergibt sich dann auf normalem bzw. logarithmischem Wahrscheinlichkeitspapier als Gerade, die über den Versuchsbereich hinaus interpoliert werden kann. Die Annahme der normal verteilten Abgangsdichte trifft z. B. für Glühlampen zu. Andere elektrische Bauelemente haben für die Abgangsdichte die in Abb. 68

gezeigte Charakteristik. Im ersten Abschnitt der Kurve bedingen Fabrikationsfehler eine relativ hohe Ausfallrate, die nach einer Einlaufzeit auf einen kleinen, gleichbleibenden Anteil absinkt. In diesem Abschnitt der Kurve fallen einzelne Erzeugnisse aus verschiedenen Gründen zufällig aus. Der letzte Teil der Kurve für die Abgangsdichte ist durch Ausfälle infolge einer bestimmten Ursache (z. B. Verschleiß eines bestimmten Teiles) gekennzeichnet.

STANGE hat versucht, die Abgangsdichte durch eine Potenzfunktion anzunähern, die sich im doppelt logarithmischen Koordinatennetz als Gerade darstellen läßt [*Z 20*].

6.2 Beurteilung und Auswahl der Lieferanten

Die Stichprobenpläne dienen in erster Linie zur Beurteilung einer Lieferung. Sie geben darüber hinaus auch Aufschluß über den Lieferanten. Betriebe, die die Ergebnisse ihrer Stichprobenprüfungen über einen längeren Zeitraum hinweg festhielten, stellten fest, daß ein großer Teil der Lieferanten regelmäßig gute Ware lieferte, während ein nur kleiner Teil der Hersteller für den größten Teil der Beanstandungen verantwortlich war. Aus diesem Grund lohnt es sich vielfach, die Ergebnisse der Stichprobenprüfung auch noch nach der Entscheidung über Annahme oder Zurückweisung einer Lieferung festzuhalten, um dadurch die Lieferanten zu beurteilen. Die Beurteilung und Auswahl der Lieferanten stellt ein Mittel der indirekten Qualitätsregelung dar. Es gibt Firmen, in denen die Ergebnisse der Stichprobenprüfung auf Karteikarten festgehalten werden. Betriebe, die über eine Datenverarbeitungsanlage verfügen, benutzen hierzu auch Lochkarten. Abb. 69 zeigt eine 80-spaltige Lochkarte der IBM-Deutschland, die für diesen Zweck entworfen wurde [*B 11*]. Auf dieser Karte werden Angaben über Werkstück, Lieferung, Prüfplan und Prüfergebnis festgehalten.

Bei Beanstandung der Lieferung erhält der Lieferer ein Duplikat der Lochkarte, aus der die Ursache der Beanstandung ersichtlich ist. Auch der Lieferer sollte den Besteller über die Ergebnisse seiner Endprüfung unterrichten. Wenn sich die Angaben des Lieferanten als zuverlässig erweisen, kann sich der Besteller möglicherweise dazu entschließen, seine Prüfungen zu reduzieren oder ganz fortfallen zu lassen. Dieses Vorgehen erfordert ein gewisses Vertrauensverhältnis zwischen beiden Partnern. Es wird sich auch erst dann einführen lassen, wenn beide ein gut funktionierendes Qualitätssystem aufgebaut haben.

S.B. | Disposition | Abt. | E.K. | Best.W.A.Nr. | P | Teil-Nr. | Losgröße N | Stichpr. n | n.n.Zeichn. d | Lieferant | AQL | T | Stichpr. n | n.n.Zeichn. d_i | c | E | PC | Datum | Prüfer | Istzeit

EK-Gr. | Best.-W.A.-Nr. | P | Teil-Nr. | Lieferant | Sachbearbeiter S.B. | Disp. Nachpr. | Tabelle T | Einheit E

IBM Prüfwesen Inspektionskarte

Stichpr. n | n.n. Zeichn. d | Liefe-rant | AQL | T | Stichpr. n_i | n.n. Zeichn. d_i

Lieferant | Teile-bezeichng. | Techn.Änd. | Messmuster | Prüfbericht | Verteiler | Bem.:

Zul. Fehler c | E | Prüf-code | Datum | Prü-fer | Ist-zeit | Bef. Nachpr.

Zeichnungs- u. Spezifikations-Abweichung siehe Rückseite

Disposition | DC | Menge

Ohne Beanstand 1
Bedingt brauchb. 2
Nicht brauchbar 3
100 % Prüfg. 0/1
Off-Spec. OS 0/1/2
Nacharbeit RE 0/1/2
Teilrückl. RT 0/1/2
Schrott SC 0/1/2
Ohne Beanstand. 1
Beanstandet 2
358 | 359 | 360 | zusätzl.
Stichprobe an Abt. | AQL | T | Stich-probe

Tabelle T:
0 - ohne Prüfung
1 - Mil. Std. 105/1
2 - Mil. Std. 105/2
3 - Mil. Std. 105/3
4 - Mil. Std. 414/4
5 - Mil. Std. 414/5
6 - Mil. Std. 414/6
7 - 100 % Prüfung
8 - Sonderprüfung
9 - Selbstprüfung

Einheit E:
0 - ———
1 - Stück
2 - kg od. ltr.
3 - m
4 - m^2
5 - m^3
6 - [illegible]
7 - [illegible]
8 - siehe Text
9 -

EK-Gr. | Best. W.A. Nr. | P | Teil-Nr. | Los-grösse N

Teil-Nr. | K'st. 344 53 417-0 | IBM DEUTSCHLAND

Sachb.	Disposition 0-B-N, 100%, OS, RE, RT, SC, 358, 359, 360, Z	Abt.		EK-Gr.	Bestell-Nr. W.A.-Nr.	P	Teil-Nr.	Losgrösse N	Stichprobe n	nicht nach Zeichng. d	Lieferant	AQL	T	Stichpr. n_i	nicht nach Zeichn. d_i	c	E	Prüf-code	Dat.	Prüfer	Ist zeit
1 2	3 4 5 6 7 8	9 10 11 12	13 14 15 16	17 18	19 20 21 22 23 24	25 26	27 28 29 30 31 32 33	34 35 36 37 38 39 40	41 42 43 44 45	46 47 48 49 50	51 52 53 54	55 56 57	58	59 60 61 62	63 64 65 66	67 68	69	70 71	72 73 74	75 76 77	78 79 80

Abb. 69. Lochkarte zur Lieferantenbeurteilung (IBM Deutschland).

Literaturverzeichnis

A. Bücher

[*B 1*] Ausschuß für wirtschaftliche Fertigung: Kontrollkarten für SQK, AWF Frankfurt 1956.

[*B 2*] BAULE, B.: Die Mathematik des Naturforschers und Ingenieurs, Bd. 2, Ausgleichs- und Näherungsrechnung, Leipzig: Hirzel 1959.

[*B 3*] COWDEN, D. J.: Statistical Methods in Quality Control, Englewood Cliffs: Prentice-Hall 1957.

[*B 4*] DAEVES, K., u. A. BECKEL: Großzahlmethodik und Häufigkeitsanalyse, Weinheim/Bergstr.: Verlag Chemie 1958.

[*B 5*] Dubbels Taschenbuch für den Maschinenbau, 2 Bde., 12. Aufl., Berlin/Göttingen/Heidelberg: Springer 1961.

[*B 6*] ENRICK, N. L.: Qualitätskontrolle im Industriebetrieb, München: R. Oldenbourg 1961.

[*B 7*] FEIGENBAUM, A. V.: Total Quality Control, Engineering and Management, New York: McGraw-Hill 1961.

[*B 8*] FISCHER, G.: Betriebliche Marktwirtschaftslehre, Heidelberg, Quelle & Meyer 1953.

[*B 9*] GRANT, E. L.: Statistical Quality Control, New York: McGraw-Hill 1952.

[*B 10*] HAIDEKKER, A.: Meßsteuerung, Hamburg/Berlin/Bonn: R. v. Decker 1958.

[*B 11*] IBM Deutschland: Qualitätssteuerung in der IBM, Heft 1, Sindelfingen 1960.

[*B 12*] JURAN, J. M.: Quality-Control-Handbook, New York: McGraw-Hill 1951.

[*B 13*] LEINWEBER, P.: Taschenbuch der Längenmeßtechnik, Berlin/Göttingen/Heidelberg: Springer 1954.

[*B 14*] LINDER, A.: Statistische Methoden für Naturwissenschafter, Mediziner und Ingenieure, Basel/Stuttgart: Birkhäuser 1960.

[*B 15*] GRAF, U., u. H. J. HENNING: Formeln und Tabellen der mathematischen Statistik, Berlin/Göttingen/Heidelberg: Springer 1958.

[*B 16*] NEUMANN, H.: Das Messen mit elektrischen Geräten, Berlin/Göttingen/Heidelberg: Springer 1960.

[*B 17*] Military Standard 414, Variablen-Prüfpläne des amerikanischen Heeres v. 11. 6. 57, Vertrieb: Superintendent of Documents, US Goverment, Printing Office, Washington 25 D. C.

[*B 18*] Prüfpläne VG 95083 des Bundesamtes für Wehrtechnik und Beschaffung, Vertrieb: Beuth-Vertrieb GmbH, Köln.

[*B 19*] SCHAAFSMA, A. H., u. F. G. WILLEMZE: Moderne Qualitätskontrolle, Philips Technische Bibliothek, Eindhoven 1955.

[*B 20*] SCHINDOWSKI, E., u. O. SCHÜRZ: Statistische Qualitätskontrolle, Kontrollkarten, Berlin: VEB Verlag Technik 1959.

[*B 21*] SCHNEIDER, E.: Einführung in die Wirtschaftstheorie, Tübingen: Mohr 1960.

[*B 22*] STRAUCH, H.: Statistische Güteüberwachung, München: Hanser 1956.

[*B 23*] VDI-Lehrgänge des Arbeitskreises Messen und Prüfen, Stuttgart 1960–1962.

[*B 24*] VOGT, H. J., u. H. LOHSE: Praktischer Einsatz der Quality Control, Sonderdruck aus Technische Rundschau, Bern/Schweiz, Nr. 9, 26/1959, 13/1960.

[*B 25*] WAGNER, G.: Abnahme mit Stichproben, AWF Frankfurt 1954.

[*B 26*] Handbook H 108: Sampling Procedures and Tables for Life and Reliability Testing, Goverment Printing Office, Washington D. C.

B. Zeitschriften

[*Z 1*] ASQ-Arbeitsgruppe 11: Begriffsbestimmung, 2. Entw. Qualitätskontrolle 7 (1962).

[*Z 2*] DOLEZALEK, C. M.: Wechselwirkung zwischen Meßtechnik und Automatisierung. Industrie-Anzeiger 79 (1957) 1329–1330.

[*Z 3*] DOLEZALEK, C. M.: Meßgröße und Wirkungsablauf in der Fertigungstechnik. Werkstattstechnik 50 (1960) 525–531.

[*Z 4*] DOLEZALEK, C. M.: Quellen der Produktion. Werkstattstechnik 50 (1960) 244–246.

[*Z 5*] DOLEZALEK, C. M.: Grundprobleme der automatischen Steuerung fertigungstechnischer Anlagen und Maschinen. Paris: Mesocura 1961.

[*Z 6*] DOLEZALEK, C. M.: Die technischen Grundlagen der Automatisierung unter besonderer Berücksichtigung der Fertigungstechnik. CIRP-Annalen 11 (1962/63) 15–24.

[*Z 7*] DOLEZALEK, C. M., u. W. Dutschke: Möglichkeiten der Regelung eines Fertigungsvorganges. CIRP-Annalen 11 (1962/63) H. 4.

[*Z 8*] DUTSCHKE, W.: Zur Qualitätsregelung in der Fertigung. VDI-Z. 104 (1962) 861–866.

[*Z 9*] DUTSCHKE, W.: Betrachtungen zur stetigen automatischen Qualitätsregelung. Werkstattstechnik 52 (1962) 496–500.

[*Z 10*] DUTSCHKE, W.: Einige datenverarbeitende Einrichtungen. Werkstattstechnik 51 (1961) 365–371.

[*Z 11*] DUTSCHKE, W.: Neue Meßgeräte für Werkstatt und Prüfraum. Werkstattstechnik 51 (1961) 386 u. 718.

[*Z 12*] GRAF, U., K. REMPEL u. R. WARTMANN: Statistische Kontrollkarten. Werkstattstechnik 44 (1955) 241–244.

[*Z 13*] GRAF, U., u. R. WARTMANN: Die Extremwertkarte bei der laufenden Fabrikationskontrolle. Mitteilungsblatt für mathematische Statistik (Physica-Verlag, Würzburg) 6 (1954).

[*Z 14*] KLEEDEHN, H. G.: Höhere Zuverlässigkeit von Bauelementen durch Analyse der Ausfallraten. VDI-Nachr. v. 16. 5. 62.

[*Z 15*] KLEEDEHN, H. G.: Zuverlässigkeit – ein nachprüfbares Merkmal technischer Erzeugnisse. VDI-Nachr. v. 7. 2. 62.

[*Z 16*] MARR, F.: Gütesicherung – national und international. Rationalisierung 13 (1962) 202–205.

[*Z 17*] ROSSOW, E.: Bemerkungen zum Auftragen von Prozentpunkten in Wahrscheinlichkeitsnetzen. ZWF (1961) 465–470 u. 510–516.

[*Z 18*] SELINGER, H.: Vorlesung Statistische Qualitätskontrolle an der Technischen Hochschule in Stuttgart 1958/59.

[*Z 19*] STANGE, K.: Pläne für messende Prüfung. ZWF (1960) 1–7, 29–34, 75–80 u. 155–161.

[*Z 20*] STANGE, K.: Zur Ermittlung der Abgangskurve wirtschaftlicher und technischer Gesamtheiten. Mitteilungsblatt für mathematische Statistik (Physica-Verlag, Würzburg) 7 (1955) 113–151.

[*Z 21*] WILDE, H.: Die Bestimmung der Zuverlässigkeit und Lebensdauer von elektrischen Bauelementen. ATM (1962) 115–118 u. 139–142.

[*Z 22*] ZINSEN, A.: Gebrauchstauglichkeit (AGt) – ein neuer Ausschuß im DNA. DIN-Mitt. 42 (1963) 56–58.

Sachverzeichnis

721/43/63